弱者也可以表达

吕伟红 著

知识产权出版社
全国百佳图书出版单位
—北京—

图书在版编目（CIP）数据

弱者也可以表达/吕伟红著. —北京：知识产权出版社，2025.1（2025.7重印）
ISBN 978-7-5130-9260-9

Ⅰ.①弱…　Ⅱ.①吕…　Ⅲ.①人生哲学—通俗读物　Ⅳ.①B821-49

中国国家版本馆CIP数据核字（2024）第030403号

责任编辑：王海霞　　　　　　　　责任校对：潘凤越
封面设计：乾达文化　　　　　　　责任印制：孙婷婷

弱者也可以表达
吕伟红　著

出版发行：	知识产权出版社有限责任公司	网　址：	http://www.ipph.cn
社　址：	北京市海淀区气象路50号院	邮　编：	100081
责编电话：	010-82000860转8790	责编邮箱：	93760636@qq.com
发行电话：	010-82000860转8101/8102	发行传真：	010-82000893/82005070/82000270
印　刷：	北京九州迅驰传媒文化有限公司	经　销：	新华书店、各大网上书店及相关专业书店
开　本：	880mm×1230mm　1/32	印　张：	12.5
版　次：	2025年1月第1版	印　次：	2025年7月第2次印刷
字　数：	270千字	定　价：	59.00元
ISBN 978-7-5130-9260-9			

出版权专有　侵权必究
如有印装质量问题，本社负责调换。

自序

我想与人交谈

　　这本书，其实就是发个言，或者说，是想与人交谈。有些不伦不类，但结集在一起又很合理，因为都是我想说的，都是我说出来的。我是一个弱者，好像这些话也都是想跟这世上的弱者说的。我想哪怕只有一个同类在翻开这本书时，能有一种知遇感，感到被理解了，感到被抚慰了，感到打破了一点牢狱般的孤独，感到自己被看到了，那就行了。

　　这个时代鼓励和制造强者，追逐成功和胜出，四处望望，我的身边可谓强手如林。我也曾多么羡慕强者的人生，也知道优胜劣汰的进化规则。然而面对我就是个弱者这无可更改的事实，我又总想：人类毕竟是人类，人无时无刻不伴随着精神和思想，被淘汰被甩出被轻贱的弱者们总还是有着体验，而这些，仍然是一个人的体验，仍然需要被尊重。更有可能，弱者因为弱，离苦难更近，离无力和无奈更近，其体验就更为细敏，更为真切，更为丰富，从而更接近本质。

当然，弱者的东西肯定是少的，是稚拙的，不够漂亮，但如果非要强求漂亮和丰盈，不仅徒劳，还会失去真实，错失交谈。我愿把我的感受放在这里，等待着，等待那些掉队的人，等待那些孤苦的人，等待那些无望的人，等待着弱者与弱者的精神相遇。这样的话，就算是隔着时空我们也能交谈了，就算是隔着生死我们也能交谈了。对于这交谈我一生都满怀渴望，甚至有着一种信念。

我从生活中得出的结论就是，想要去遵从和学习强者逻辑，想拼力变为一个强者，那对于弱者是行不通的，那等于非让自己去做成别人！弱者只有甘于做自己，只有对命运的不公和薄情，对丧失，对创痛和遗憾老老实实地哀悼，老老实实地接受，才会有路可走。弱者的路就是去发展独立人格和尊严，寻求、获得内在的一致性和稳定性，以自己独特的真实与世界达成和解，与人生达成和解。一句话，弱者的路就是要找到自身的和谐！而这追寻的过程就是万难的修行，就是生命的绽放，就是向着自由的奔赴。

2022 年 12 月 28 日

目录

第一部分　一点生活思考

　　弱者也可以表达　∥003

　　失败的人生值不值得过　∥010

　　弱者可能碰到的问题　∥017

　　孤　　独　∥025

　　独立人格和尊严　∥036

　　做自己——哀悼与接受　∥044

第二部分　一点文学练笔

　　你是我心中最好的　∥053

　　我将向谁告别　∥067

　　那时年轻　∥095

　　悟　∥100

赴　　约　//101

可　　以　//102

女 人 图　//104

云 和 天　//105

无　　题　//107

泪　　花　//109

夜　　歌　//110

一个人的旅程　//112

友　　人　//114

一种心情　//116

夜　　幕　//153

病　//155

方　　式　//157

处　　置　//160

也　　许　//161

听　　从　//163

病　　中　//165

昨日的纱巾　//167

寂寞是一种邀请　//169

笨　　鸟　//170

耐　　心　//172

如果什么都没有　//173

我把孤寂的时光……　//174

窃　　喜　//176

目 录

我们听到了 // 177

蒙古族姑娘——呼伦贝尔怀想 // 179

今天，我想做个自私的人 // 185

异乡断想 // 188

收回评判 // 194

没有遗憾的诗无法落到纸上 // 196

我决定爱我的微小 // 198

终于被一个错误抓住 // 202

送别我最好的朋友 // 205

哪一种安排都是上帝的眷顾 // 208

世界一隅（之一） // 210

世界一隅（之二） // 212

世界一隅（之三） // 214

关于那个人的想象 // 216

我的选择 // 219

遥想萧红 // 220

会 议 // 231

我只是深深地爱一种感觉 // 233

远渡重洋的圣诞卡 // 243

半个人与半个人无法做朋友 // 244

生命的感觉 // 247

是不是已经太晚 // 250

致我的小朋友 YY // 253

你拾起一片红叶
——观 2008 年北京残奥会闭幕式 // 255
黄昏的告别 // 257

第三部分 一点专业思考

当下社会不共情的人际关系 // 263

心理咨询与治疗关系和社交关系的不同 // 287

在心理咨询与治疗中运用弗洛伊德的释梦 // 303

比较分析弗洛伊德和荣格的释梦 // 312

存在主义治疗取向对高校心理咨询的启示 // 324

科胡特自体心理学理论对心理治疗的启示
与助益 // 337

论短程动力学团体治疗的"此时此地" // 350

对动力学团体应对和治疗自恋性问题的思考 // 363

运用胜任力督导模式的临床尝试和思考 // 373

吕伟红心理咨询专业工作简历 // 389

第一部分 一点生活思考

弱者也可以表达

作为一个弱者，在生活的方方面面，我经常有强烈的感受，有长久的深思，也有表达的欲望。但真要想说点什么的时候，又每每犹豫，不知道这样做有没有意义。后来我渐渐明白了，这种犹疑也是下意识里受了强者逻辑的影响，觉得弱者和失败者的生活没什么好说。这样的觉察和明白十分有震动性，这就是弱者和失败者的冲突和痛苦所在啊！

从优胜劣汰的进化角度讲，强者逻辑很可以理解。但人类与其他动物又不同：人类有意识和精神，人类要追求文明。对文明的追求使人类摆脱和超越了简单的力量角逐，使人类拥有了无限广阔的精神发展空间，使人与动物有了质的分野。那么文明就给人类中的弱者留了一席之地，这是一件充满美感的事，是一件动人之事。人类中的弱者借助文明的保护，能够生存下来，也就有了体会生命发展精神的可能。不过在生活的激流中，弱者显然要面对更多的艰险，这样来看，弱者的生命可能更为波澜壮阔，其体验可能更为深邃极致，更具人性和精神性。只是这些在日益异化和讲求胜出的浪潮里被淹没、被埋没了。

对于哪些个体算作弱者，我想人人都知道，都不会领会错，即便意识里有些模糊，潜意识里也有清晰准确的界定。随着年龄和阅历的增长，我越来越发现越来越赞叹潜意识的聪明，它对事物的把握对情境的感知真可谓分毫不差。不管经过怎样的语言处理和包装，不管拿出怎样堂而皇之像模像样的意识理由，潜意识都如数学高手一样知道那背后的算式和真相。我所接受的科学训练以及多年来在学习工作中养成的习惯，使我但凡想表达点什么，就会不自觉地追求概念和逻辑。我知道这当然没错，但近些年，尤其这两年，我总是抑制不住地想：也许那些看似严谨的论述反倒会屏蔽和遗漏掉鲜活的思想，也许情感本身就是无价的真理。这样想着，就特别渴望能自由地表达，放下标准，放下规范，放下体裁，放下参照……我坚信，这样发自真心毫无雕饰的所思所感，定能直接进入另一颗真心，顷刻间被会意和懂得。所以我想不用摘要不用关键词不标参考文献自由地说话。我觉得我似乎回到了文学的世界里，或者说，回到了真实的生活里，也或者，回到了自己心里，终于有些相信自己，终于有些贴近自己，终于有了那么点笃定，想发出一点自己的声音。大概有十年了吧，《小说月报》增设了一个栏目，叫开放叙事，记得我非常喜欢这个叫法。开放叙事，我想就是不拘一格、自由地表达吧！自由地表达，直抒胸臆。

回顾我的生活，最突出的感受就是跟不上趟儿。因为体弱，因为智力平庸甚至有些笨，因为注定吃苦头的性格，因为缺少可凭借的资源和社会支持，因为没有对女性来说颇为重要的美貌（哦，现今叫颜值）……所以我对弱者最直观的定义就是生活中跟不上趟儿的那些人，就是争不来、抢不过、溜边儿活着的那些人。人生只有两项任务——生存和发展。一般来说，解决了生存问题才谈得上发展。但细细察品，这个顺序又不那么绝对，因为人的发展既包括物质层面的外在成就，也包括人格与精神的提升完善，而且就本质和无限的可能性来说，人的发展主要指精神。弱者在严酷的生存战斗中，常常伴有深切的体验，这使思考和探究成为可能，甚至成为必需。弱者在生存的挣扎中形成了伴有强烈情感的对人生的感悟，这些感悟既是一个生命存在的衍生，也在弱者的生活中起着关键重要的调节作用。换言之，即便弱者因种种限制无法取得外在成功，没有优渥的物质和显赫的声名，但仅仅是生存的斗争就可能拓展出精神世界。所以如果抛开名利，问题就变得乐观起来，发展的基础或前提其实十分简单——只要活着！啊！这真是一种恩典！这等于说人人都可以发展，虽然弱者生存起来更为艰难，但仍可以走上人格与精神的发展之路。人生的目的只有一个，就是提升心性。那么，感天谢地！弱者的路没有被堵死。不管多贫穷多失败，不管在这世上占有得多么少、处于怎样的劣势，至少提高心性的路人人都可以去走。这真是大化宇宙对人最深沉最悲悯的眷顾——弱者也有一条路可以走！

多年前，在学府书城偶然发现的一本书给我留下了很深的印象，书名好像是《我幸福的一生》或《我的幸福生活》。我记得这书应该在大众生活哲学、人生智慧或应用心理学的分类里，而且摆放应该靠近心理咨询与治疗类书籍。那些年，我每年要去两次学府书城，但因精力有限，只看人力资源管理和心理咨询与治疗两类书，都是为了跟进学科发展，更新教案、讲义和授课内容。当然我对心理治疗方面的书兴趣更浓，在其中选择和流连的时间会更长。可能就是在这样的流连中发现了那本书。那是一个外国人（哪国的记不清了）写的书，之所以让我印象深刻，是因为那书的作者并不是什么作家，除此之外似乎也没什么别的作品。那是一本普通人记录自己平凡一生的书，作者对自己的人生很满意，感到自己的生活安谧幸福，所以以感恩的心情把自己的生活写下来。我在介绍和前言中看到这些，觉得那是一本奇特的书，觉得作者是一个有趣的人，对那书也充满了好奇，现在想来当时心中一定还有某种震动。但我没有买，舍弃了，甚至都没有允许自己再往后翻翻——我没有时间看这样的东西！我得备课，我得讲课，我得做咨询，我得继续专业学习，我得写文章……想来那心中的震动我也别过脸闭上眼不理会了，我隐隐地知道若去感受那震动很可能会泄了我本就不多的劲儿……后来有了闲暇想读那本书时，几次都没有查到。但那书带给我的奇异感受却日益清晰：一个普通人写的书；一本不是记录成功和伟绩而是叙述平凡的书；一颗能够安于和享受庸常的朴素健康的心。那书在我的想象中已然成了一册幸福的密码本，我虽错过了它，但却也走近了它。

还有一本书对我颇具启发，是日本药师禅寺住持桦岛胜德的《禅疗调养你的身心》。作者先天身体不好，患有多种疾病，但他从未停止对生命的探索，脚踏实地地修养身心，终于走出了一条适合自己的人生之路。这本书让我感到亲切的是作者的真实，还有行文的朴拙。作者毫不掩饰身心的弱点，对自己的特质和才情也毫不做作。书中一个不强壮的人日常的点点滴滴，一个主流之外的人不免萧瑟的形貌和调式，都深深地打动着我。那平铺地叙述出来的边缘处的生活，那说起来简单做起来十分不简单的坚持与摸索，那紧紧围绕自己身心的安然，对自己体验的信任，以及实事求是的稳定，都是多么了不起啊！几个月前我又重读了此书。重读时像回访一个老朋友，因为心更安静了，觉得看到和领会了更多的细处，思绪也浮游得更远。我不由想起弗洛姆在谈及精神分析与禅宗共同之处时的话，大意是精神分析和禅宗都追求一种真，都希求能认识和了悟那揭开面纱后的世事之本来面目。承认和回归这种真需要怎样的智慧和勇气啊！重读此书，更多地看到了年轻时看不到也不认识的散落的珍宝，看到了深埋在弱中的强。

生命是平等的，每个生命都该被好好对待，都值得尊重。但因为众所周知的原因，历来都是强者在发声，弱者说话的机会少，所以强者逻辑无处不在。古今中外的人杰中确也有众多大爱悲悯之士，心怀天下，以苍生福祉为己任，为护佑贫弱改革社会、立法制典，以求人人都活得有尊严。他们替弱者说话，代弱者发声，不遗余力地推动人类的文明进程。不错，从争取权利、机会和利益的方面讲，这样的代言和发声有着决定性的重大意义，然而从生命主体的经验角度讲，这仍然不是弱者自己的声音。即便这是保护弱者的声音，但这仍然不是弱者自己的声音！我相信，一个完整的世界，不仅需要强者，也需要有弱者的声音。让弱者发出声音，共情弱者的感受，才能纠正强者逻辑中过于狂妄的错误，才能撼醒内卷社会里昏聩已久的智慧。让弱者站在阳光里而非蜷缩在阴影中，也许是促成转化和拯救这个世界的希望所在。英国精神病学家和作家安东尼·斯托尔写了一本卓越的书《孤独：回归自我》，试图以多个实际的生命历程为佐证，说明孤独在个体精神生活中的积极作用和价值。他剖析了牛顿、贝多芬、维特根斯坦、卡夫卡等天才成功者的心理，同时感叹、惋惜芸芸众生的生活没有得到记录。斯托尔的感叹和惋惜对我这个弱者形成了一种鼓舞，它使我不再犹疑，使我确信自己的表达将具有意义。

  从意愿上讲，我们都希望自己是强者，但是没办法，这个世界总有人得是弱者。不过你会发现，弱也是一条路，经由弱，也可以去探索生命和人生。这就像你不幸抽到了一些特殊的题目，或者你领到了一张不同于别人的卷子。这卷子上的题你都需要去做。而且由于你的考题与别人不一样，借鉴和抄袭别人的可能性没有了。每道题你都得独自回答。开始或很长的一段时间里，你会懊恼、不甘，愤懑不已，但总有一个时刻你将平静下来，平静下来一心一意答你自己的卷子。由此也走出了一条你自己的路。

这样的路上也有风景。弱者也可以表达。

2022 年 7 月

失败的人生值不值得过

　　弱者会有更多的挫败，而挫败是痛苦的。挫败的痛苦不只是表面或简单的没有达成没有得到，更深层的挫败感来自于对个体自尊的打击。一个失败的人最痛苦的内心挣扎在于对自己的根本价值产生了怀疑，甚至对存在本身感到迷惑、虚无，不知道这失败的人生值不值得过。

　　这是一个充满比较的世界。在人生的竞技场中，要比较的类目真是繁多！随着内卷加剧，比较的细则、注解也日益增扩。我最近关注了一档中产以上年轻人的相亲节目，其中当事人对彼此条件的要求令我大开眼界。那真是人生百年无遗漏，事无巨细均可称。大到年龄家庭学历收入，小到（哦，不应该说小到，应该说细到，因为对当事人来说这些细节也绝不可妥协与马虎）下颌线发际线发量，真是思谋周全，量化精准。这让我想到商品和市场，连连感叹现今恋爱明码标价的严酷现实。是啊，现如今的一切都要论个输赢——事业，婚姻，财富，地位，子女……也就怪不得大家择偶时慎之又慎。这要找的可是人生这场角逐中的队友和搭档，哪一点哪一项考虑不到都有可能拉低战斗力影响最终战绩啊，都会酿成失之毫厘谬以千里之错！

我们的社会尤其讲究胜负。单科成绩，综合成绩，特殊加分，依照人们心照不宣的得分标准，每个个体都被其所处的环境和文化计算得清清楚楚，是成功还是失败一目了然，藏匿不得。那么，失败的人生值不值得过？弱者的人生有意义吗？我近来常被这些问题纠缠。我真是到了内视内省和整合自身的阶段了吧。而且身为一个弱者和失败者，我想这也是我非答不可的。不过我发现这仍然是一道难题！我似乎仍然回答不好！不仅难在这问题本身的哲学性，我从未企望我愚钝的头脑和浅陋的学养，对此会有什么洞开之哲思，我知道我只能在情感体验上作答。细思量，终于承认，其实更大的、真正的难处还是我的内心冲突，是我的黯然、不甘、不确定，是我远没有一片清明。那就不追求确切答案，照实说好了。反正只要活着，思考还可以继续，体验也可以继续。那就分享我现有的真实吧。

必须追问人生的意义。如果人生只是为了成功和占有，就堵死了弱者的意义之路，那弱者和失败者干脆不配活着。但要像稻盛和夫说的人生的目的是为了提升心性，失败的人生就仍然可以有意义。所以失败的人生到底值不值得过，成了一个见仁见智的问题，取决于个体对人生意义的不同领会，取决于各自的人生观价值观，对这个问题的回答终将是也只能是个性化的。

我很推崇著名精神病学家和心理治疗家维克多·弗兰克的观点，在亲历过纳粹集中营后，他提出人生可以有三种获得意义的途径：一是创造，通过为这个世界提供物质和精神产品来获得人生意义；二是体验，通过对生命中丰富情感的体验，对生活本身、自然和艺术作品的体验来获得人生意义；三是受苦，通过在苦难中彰显态度价值，进而实现作为人不可剥夺的精神自由来获得人生意义。显然后两条为这世上的弱者和失败者指出了可为的人生意义之途。

弱者通常是敏感的，对人和事都感触良多，有着更为细腻、深刻的体验。即使原本粗放的人，一经生活的变故沦为弱者，也会渐生敏感。因为对于弱者和失意者，这严酷和狂奔着的生活实在是处处充满着强刺激，由不得你不去感思。但现今社会更多重视和鼓励的是个体得能拿出产品，得有摆在桌面儿上的成就，而对心理、情感和精神体验的价值不甚在意，说一概不计也不为过。不仅不计，常常还要贬抑，呈现一种整体偏颇的文化防御。比如把善感当作神经质、想得太多，把真实的感喟当作消极，把丧失的悲痛说成不够坚强……这样的结果是心灵被窒息，精神和情感的世界被盖住，人人都奔着成果而去，很多机构都被空盒子一样的所谓产品占满，生命的丰盈多彩不见了，诗意被毁坏了，生活的滋味没有了。

极具天赋的成功者和英雄寥若晨星，芸芸众生注定得接受平凡。接受平凡还不算，很多人还必得接受孱弱、厄运和失败。眼下的问题是人人都想做强者，只想要成功的人生；生活中的失利和失败，无论是外界评价还是当事人的内心感受，都较以往更夸张更具侮辱性。无处不在无孔不入的强者逻辑，不仅给内卷和恶性竞争火上浇油,更是挤压、侵占、淹没了弱者和失败者的意义空间。这种文化压迫和渗透使弱者失败者更加妄自菲薄,会防御性地隔离掉许多重要的生命体验,弃毁和错失很多本可享受的生活馈赠。我至今难忘多年前的一位来访者,那是一个有着艺术气质和阅读兴趣的女孩儿,只因没考上理想的大学就被父母定义为失败者,在从小到大的苛责和贬低中,来访者自己也认领了失败者的角色。她有着深度的自恋创伤,愤怒、抑郁而又内疚,并伴有间歇性强迫。几乎所有她感到高兴的事在父母眼里都毫无价值,都是耽误学业破坏人生的无用之举。治疗缓慢而艰难,就像武侠故事里的逼毒疗伤——用咨询师的共情赞赏矫正原生家庭的打击挫伤。我总能想起在治疗尾声时她说的话:"最近总有一个场景和意象在我心里出现,就是我悠闲地走在街上。其实,我只不过想在街上自由地走走,或者在没人的路边坐坐。其实我就是这样的一个人。做我现在的工作,读我爱读的书,这就行了。"她终于把环境硬塞给她的东西推出去了,终于使自己得到了舒展和解放。也许弱者最大的悲哀不是弱本身,而是始终被强者逻辑压迫,不能与自己的真实体验合一。也许失败者的最大悲哀也不是失败本身,而是对失败的不能接受不肯承认,使精神永远流浪在外回不到自己的身心。三十年前,我在美国诗人罗伯特·勃莱《反对英国人之诗》中读到了那句著名的话:"贫穷而听着风声也是好的。"当时我有多感动啊,那是一种说不出的对生命本身的感动!我想要是我们的精神能朴素如斯,那弱者就也能尊享人生的意义,失败的人生就也值得过!

要说受苦是获得意义的途径,那弱者的机会可谓多多。多年前在一个专业学习结业式上,项目组织者,也是一位资深临床心理学家连连感叹生活的不易:"生活真是太不容易了!"短短几分钟致辞,这句话她说了好几遍,那种发自真心的流露和悲悯我记忆犹新。她是一个功成名就的人,天赋异禀,事业兴旺,精力过人,家庭美满,妥妥的人生赢家,强者中的强者。那么,是什么让她生出如此感叹呢?是理性思考还是情感体验?是对终极问题的洞悉还是对来访者的共情?我不得而知。但无论如何她的话令人欣慰和感动,尤其对弱者,有着善解和贴心的暖意。"生活真是太不容易了!"我对这句话深感认同!而且这不容易的生活到了弱者这里还要难上加难!真可谓从生存到发展,从物质到精神,荆棘丛生,步步是坎儿!著名精神分析家和心理治疗家南希·麦克威廉姆斯在谈到评估时,所列第一条就是对不可改变因素的评估,包括创伤性的环境、遗传疾病和身体条件、先天气质和智力水平……我觉得这是对弱者和受伤者最大的共情。必须看到,并非什么困境都可以通过努力来改变,面对不由分说的现实,生命中诸多的苦难和失败都得照单全收。弱者改变不了受苦和失败的命运,但在苦难和厄运中却并非毫无可为。弗兰克在《活出意义来》一书中说:哪怕在一无所有没有任何人身自由的境遇中,人仍然可以有态度上的选择,这最后的不可剥夺的精神自由,也确保了人的尊严。弱者无法改变弱的规定和限制,但可以改变对人生的认识对命运的态度,从而在心灵探索、灵魂净化和精神淬炼中获得人生意义。正如麦克威廉姆斯所说,来访者对不可改变因素的认清和接受,本身就是意义非凡的改变,是治疗中的重大进展。

前些天在网上看视频讲座,主讲人是我喜欢和欣赏的一个学者。他说人生一定得拥有三样东西,就是要有相伴的爱人,要有相念的亲人,还要有相知的朋友,否则就是这世间的"孤魂野鬼"。我从前读过不少他的作品,那闪耀在字里行间的睿智哲思和深邃情感常令我钦敬不已,但上述观点我却不敢苟同。想想看,如果能全部拥有这些,那是怎样一种幸运和幸福啊!即便只拥有其中一样,也算是品到了类似于"人生得一知己足矣"之幸味。但不幸的是,这茫茫人海间就有人什么也没有!不用说,那什么都没有的人定然是辛酸的,那什么都没有的人生定然是凄凉的。但我执拗地认为,凄凉不等于荒芜,不等于精神没有去处。"孤魂野鬼"的说法不甚恰当。近来我常想,任何能被命运夺走的东西都做不了精神的栖身之所,不管是爱情、亲情还是友情,全都是两个人(或多个人)的事,自己说了并不算!就其能否遇见来说取决于机缘,就其遇见后的结果来说取决于双方(或各方)的意愿和人格水平。这实在是不幸的弱者无法掌控的。也许弱者只有把心寄放于生命本身,在一无所有中开辟精神之路,才能找到意义与尊严的支撑,才会有自由与安宁,也才有真正的善、爱和慈悲吧!

我看过一部很励志的电视剧,描写一个优秀女工坎坷的一生。因为善良、仗义和时代变迁,她错失了很多机遇,一度落入底层。好在她从未放弃努力,孜孜以求,奋斗不息,无论身陷怎样的困境，都没有背弃良知信念和道德坚守，最后终于迎来事业的转机，迎来不渝的爱情，迎来幸福的晚景。我喜欢这个主人公，也深谙编剧的用心，很愿意相信这个结局，但也只是"很愿意相信"。我私下里知道这个欢喜的结局即便有也只是个例。生活中的真实可能是主人公无力逆袭，成为时代的牺牲品，诚挚认真的一生以失败的结局告终。我不由地想：要是采用真实的悲剧结尾，会不会更能凸显主人公的精神价值呢？我相信，失败的结局丝毫辱没不了主人公的荣光。我们总习惯把尊严、意义和强、成功摆在一起，其实真诚投入地度过失败的一生，在失败和磨难中始终坚持对善和道德的追求，有着一种更为纯粹的意义和尊严感！我已打完那美好的一仗，当跑的路已跑尽，所信的道已守住。我从年轻时就非常喜欢这段话，这种虔敬、充分生活过的坦然令我神迷和憧憬，但之前我始终觉得这是对强者成功者的生命描述。现在我想，所有的生命都有荣光，弱者和失败者也可有这种荣耀和坦然。因为弱者的人生也有意义，失败的人生也值得过。虽败犹荣！

2022 年 8 月

第一部分　一点生活思考

弱者可能碰到的问题

在实质性的困难之外，即在自身的弱项之外，弱者还可能碰到很多问题。或者说，这实质的"弱"会带出和牵涉一系列问题。而这些问题也绝不可小觑，它们给原发的困境增添了继发的陷落和复杂，使弱者本就举步维艰的生活更为雪上加霜。

从现实层面看，首先是没有资源。如果你达不到整齐划一的要求，如果你不幸落了伍，你会倏忽间变得所剩无几。因为我们的社会为弱者考虑不多，配给很少，所以一旦被主流甩脱，也就意味着你的市场价格暴跌，周围的社会关系就会如一群惊飞的鸟，"扑棱棱"地转瞬没了踪影。对这种生活真相的认识通常需要一个过程，即便以前你无数次听到过"人走茶凉"、"富在深山有远亲穷在闹市无人问"和"弱国无外交弱者无朋友"这等话，你也很难做到自清自醒，潜意识里总有一种"自己会是例外"的对幸运的渴盼，就像存在主义治疗大师亚隆所说的被庇佑的防御心理。直到你一再碰壁后才会猛醒，不是一次得是一再！现实的困难已经够受的了，还要加上情感受伤，这真是双重的灾难！而且作为有血有肉有思有感的人，在最脆弱最无助最艰难的时刻，被自认为最可亲近最可信赖的人拒绝、辜负和嫌弃，这种打击往往比具体困境更具毁灭性。至于身处双重灾难中的弱者会毁灭还是会重生，以及如此对待弱者的社会文化和是非曲直，那是另说别话。这里只提弱者的缺少资源和缺少帮助。

弱者可能会看到更多丑恶。因为人们的奴性，在强者跟前不敢施放的攻击和恶意都可以拿到弱者这里，就是俗话说的欺软怕硬。在追求文明的进程中，人们都知道要帮助弱者保护弱者的道理，但这样的道德实践却需要相应的社会环境和人格水平。如果一种文化里不能真正生长和养育出平等意识，社会成员彼此间过分看重等级和尊卑，弱者实难有好的处境。在焦虑泛化的今天，多数家庭都有延续的代际创伤。父母将巨大的压力转嫁给孩子，使孩子形成尖锐的怒惧冲突。由于对父母天然的爱和生存依赖，孩子不敢反抗父母，但被压抑到潜意识里的恨意和攻击欲却使孩子成长为一个愤怒的人。处于恶性竞争中的个体常常心怀仇恨，并且由于环境和教育自身的冲突、虚伪，这仇恨不能光明磊落地呈露，最终掩抑成了奴性的、伺机而发的邪恶。想想看吧，一个内心充满了恐惧的愤怒的人！他会怎样呢？他并不敢去反对真正的强权，也无力去捍卫美和真理。那么，向攻击者认同，对弱者施放恶意和攻击，的确不失为一种安全原始的快感来源。为什么有那么多人出口不逊？为什么有那么多人以羞辱弱者以折腾折磨了别人为乐？为什么有些人想着法儿地让工作本分演绎出权力，以期能够去为难他人？至此，我们应该对种种的恃强凌弱增进了一点病理性的理解吧。只有一颗充分成长的舒展的心才能生出悲悯和爱，才能对弱者有真正的同情。说到底，要想有一个容纳保护弱者的环境，终究还是要有纯良健康的人。所以欺凌弱者，这是需要疗愈的整个社会的创伤。

强者逻辑的另一种表现是，人们还心照不宣地相信"可怜之人必有可恨之处"。就是说，如果你身陷困境，那多半是你自己的错，是咎由自取。细思量，弱者必定有"可恨之处"啊！如果运气得天独厚、能力出类拔萃，如果方方面面量得清楚，事事处处做得明白，那还是弱者吗?! 当说起一个遭难的人，起初也是受到同情的，也会被唏嘘感叹一阵的，但人们似乎总不能满足于停留于单纯的同情，不能保持、允许就这样只是施予善意，不知是谁总会在一个时候挑起对因果的探究，而别说一个弱者但凡是一个人（不是神）都是经不起琢磨推敲的，最后，可想而知，这探究必会落入"可怜之人必有可恨之处"的归因。到了这步才算完！仿佛只有这样人们才肯心安和罢休。因为扒出了"可恨之处"，那初始的同情此时便可大打折扣，甚至可以悉数收回了。要是碰到极少数特例，遭难者是公认的好人，在可知可见的人生中确实翻不出什么大毛病，那就再往前翻，就追溯到前世，认定是前世作孽的结果。总之，不幸是一种罪错！为什么一定要把遭难的人置于罪错之中呢？身为弱者失败者，多年来我从未停止过对此的感受与思考。现在我认识到，这是一种不成熟的集体防御，源于对灾难和失败的恐惧，是不能正视、接受存在于人自身中的"弱"和"失败"的表现。如果没有什么原因就会沦为不幸者，如果失败不是对罪错的惩罚，那不是太可怕了吗?! 那可怎么防备?! 但如果"可怜之人必有可恨之处"，事情似乎就会变得可控一些。人们就这样在想象中把强和弱、把成功和失败切割开，让"错"不要沾染到"对"，让"坏"不要沾染到"好"，让"弱"不要沾染到"强"，切割开，如此，幸运者就可以安心了。是的，只有保证成功者不会失败，幸运者不会遭殃，只有保证我不会变成你，这才可以安心。要是知道说不定哪一天我也会变成你，那是不可忍受的！这就是强者和成功者为什么在道德上似乎也有一种优越感。弱者经常感到没尊严，因为很多所谓的帮助其实都带着精神上的歧视和凌辱。"可怜之人必有可恨之处"，这防御同样也适用于遭难者本身，能让其获得认罪后的心安。但这种心安不同于哀悼之后的接受，它转换不来也焕发不出生命的爱和恩慈，只饱含着卑怯和罪疚的毒汁。

　　弱者经常被要求被指责，而非被共情。真正的帮助始于理解，只有切实共情到弱者的困境，给出的建议才有用。否则，一切看似堂皇的善举，都可能沦为要求和指责。多年来，无论在生活里还是咨询中，我都矢志不渝地信奉、追求共情，可谓一个坚定的共情主义者。但随着年龄、阅历和经验的增长，我也越来越认识到共情之不易。如今我甚至认为，真正的懂得必须是身体的领会。只有体验到了，只有那被语言描述过的事情来到了你的身体里，你才是理解了。也许绝对的共情是不存在的吧，就像数学里的极限，只能趋近却无法达到。对弱者的不共情还源于语言的限制。与身体感受相比，语言不单有遗漏和不准确，在强者逻辑的文化中，语言还有其操纵性和导向性。弱者的生存状态常被语言肢解，那一堆炫目的办法、指令和建议，就像成功者抛掷给坠落者的绳索，悬荡在半空，而弱者却一条也抓不住。这时就又有"烂泥扶不上墙"的对弱者的总结。抓不住绳索的弱者虽然明白无误地感到不接洽，但主流文化语境的长期灌输、浸染和压迫，使其大多在意识中在理性上会否认自己，会跟着环境一道来怪怨自己。另外，我觉得不共情弱者，还因为群体性的自恋创伤。我们文化中的很多人（包括强者和成功者）自恋不足，处于自顾不暇的脆弱及奋争中，都防御地执着、执迷于"强"和"成功"，没有超越"强""弱"对立的稳定自尊，所以自然也就没有意愿没有能力去共情弱者。近来我常想起多年前（我自己更年期之前）一个更年期综合征的来访者，回头看，当时对她的共情真很不够。好在我还有温和与陪伴，治疗效果还算不错。我还想到一个一直走在时代前列的同学，她总督促我要赶上潮流，不要落伍。除了佩服她优越的智力和充沛的能量，其实我心中暗生异议暗藏抵触。我根本无意步步紧跟，一个是作为弱者的我跟不上，再一个，也禁不住要追问这紧跟的内在动力。也许紧跟能够换取一些安心，但这会使一个弱者远离自己。也许落伍确会带来某种恐慌，但如果落伍已然是我的真实，那又有什么能与回到自身的安然相比呢？！我宁愿选择与自己合一。最近看到作家梁晓声的一句话：人不一定非要成功，但最好要过得自适。我想就是这个意思吧。不过转念一想，或许"紧跟"正是我那同学的自适，而"落伍"则是我的自适。主流话语系统缺乏对弱者的共情，所以要想达成自适，弱者需要自我理解。这是弱者生命中一项顶顶重要的课题。虽十分艰难，但非常值得！只有做到了对自己共情，才能摆脱环境的控制与束缚，进入自身的和谐。在自我理解的探索中，我想可以把语言放一放，把由语言搭建的思考也放一放，可以越过语言，摒弃思考，不用脑而用心，可以更多相信自己的身体。而且，共情的艰难也不能将我们击倒。恰恰相反，了解这点会增进人们对世事的敬畏，会阻止狂妄和武断。也许共情就像一个理想，虽不能至，但是想要去了解与理解彼此的愿望和努力就足以安慰人，就能够生发出温暖、尊重和救助。

弱者常被侵入性地打探。我们的文化是群体文化，个体之间、个体与环境都少有清晰的界限。好像一切事情都该共知共享，也许这就是大家都愿意追逐潮流都怕与别人不同的文化动因吧。我常忆起童年的生活，我们那栋四层的小楼有两个楼口三十多家，这三十多家的底细尽人皆知，邻居们彼此间几乎没有秘密。大到谁家有历史问题、家庭变故，谁家不能生育孩子是要的，谁有残疾；中到谁家婆媳不和，谁家夫妻有矛盾；小到谁和谁吵了架，谁家来了亲戚、添了家什、做了好吃的……都一览无余。这里肯定有拥挤的空间因素，但更多的是一种人际习惯。孩童时对这些懵懵懂懂一知半解，但成年后回顾起来却颇为感慨——一直以来人们都多想知道、抓住别人的短处和痛处啊！相隔了半个世纪，当我定睛回忆，那楼里的人们像一组群雕，生动、具象，而我惊异于自己记住的大多是各个人的痛弱，是不堪的隐私和尴尬。我深吸一口凉气！我想在我们那么小的时候，就已经被生活教导着有了深深的恐惧吧！现实当中相当一部分社交由探听构成：你若是未婚，那就要问你为什么不结婚；你若是离异，那就要问你为什么分手，捎带着弄清子女和财产分割情况；你若是结了婚但没孩子，那就得问明白你到底是生不了还是不想生，生不了的话还得要进一步知道是夫妻俩谁的毛病。要不就问你的收入，问你们家房本儿上写的谁的名字……总之我们的很多社交就是把人查个底儿掉！而这种打探与彼此的关系深度毫不相称。当碰上弱者和不幸者，需要打探和能够打探的就更多了，因为弱者和不幸者总有一些特别的困难，这特别的困难就成为长驱直入步步紧逼的无尽话题——抽丝剥茧地盘问弱者的种种愁苦，丝丝入扣地追踪不幸者的伤心历程。你别想有礼有致地谈个天，你先得被调查！等回答完一长串直捣隐私直戳伤处的问题，想必你早已"心力衰竭"，一心想着逃离了。过度侵入地打探弱者不仅仅是一种无礼，还是一种伤害。这不只是让人不舒服那么简单，这会触发创伤，加剧内耗，使弱者失去精神平衡。当被探问者有缺陷性心理障碍，稳定性差，自我安抚功能过低时，侵入性打探甚至会使精神失衡达到自体崩解的程度。对弱者的打探可能会披上种种关心的外衣，但无论在意识层面往返着怎样的言语，只要被探问者感到了侵入和冒犯，感到了恐惧和受伤，那这打探就一定是在拿取而非给予，这"关心"就一定是打探者的需要。如此看来，孤独也有保护作用，起码能使弱者和不幸者免受很多打探的侵扰。

　　如上所述，弱者不单要经历各种实际的生活困苦，还要遭受很多继发的心理伤害，承受巨大的心理压力，这种精神痛苦的折磨或许远远超过具体可见的困难。弱者可能因避免暴露隐私而躲避人群，因长期得不到共情支持而抑郁退缩，可能因环境的冷酷和恶意对待而降低自尊，还可能因惧怕批评指责而放弃求助……弱者的精神处境常被忽视，其精神状态和行为表现也常被批评，比如认为弱者不够乐群开放，不够积极自信，不够坚强进取……这忽视和批评除了源于文化积习和惯常的不共情，主要还是对继发精神创伤缺乏认识。需要看到，原发困境和继发受伤的恶性循环会给弱者的心理和精神造成深重危害，虽然少数人杰可以通过创伤之淬炼和转化达成其精神成就，但对一个凡常的弱者，反复的精神创伤和持续的精神压力都颇具毁灭性。不仅要看清外部的困难和限制，还要看清内部的受伤和处境，这对弱者的自我理解非常重要。如果同伴和环境不来共情我们的精神创伤，我们需要自己来共情——要认清、承认而非否认这创伤，认清、承认而非否认，我们才可能跟自己连上，才可能为自己哭泣，才可能开启自我理解并对自己生出温情。即便达不到更进一步的治愈和转化，起码能放下和减少一些自我苛求自我伤害。否则，受伤的弱者只能在重压下处于不自知的断裂中。

2022 年 10 月

第一部分　一点生活思考

孤　独

人原就是孤独的，但弱者的孤独可能更多，也更深。弱者因其市场价格低，资源少，对他人就没有了用处，就失去了人际吸引力。在讲求绩效的奔忙生活里，很多关系都要计算价值，如果你对他人的利益和目标不能有所贡献，那人们是不会有意愿也不会有时间与你交往的。虽然我自来是一个弱者，但年轻的弱和年老的弱毕竟不同，在岗的弱和退休的弱也不同，在几十年身份与境况的起伏变故里，或者直白地说，在从弱向更弱的变化中，我逐渐看清了关系中的需求和价值问题。弱者的孤独多是无用和不被需要的孤独。关系的本质是彼此需要，关系的维系有赖于双方需求在一个相对平衡中的持续满足，无论这需求是物质的还是精神的。另外，关系还得有所附丽，得有依凭和媒介。关系的建立和发展都是在活动中发生的，就是说交往需要有一起参与的事情或活动，这样才有相同的语境，才有交流的话题。得去上学才有同学，得去工作才有同事，得去当兵才有战友。而且只有在事情和活动的进行中，个体的心地、才智、性情姿态……个体的一切生命样貌才得以展现，彼此间才会进入和完成了解、认同、审美、吸引、投注等一系列心理互动，生发出各种丰富的情感，结成具体的关系。那么一旦掉队，一旦从共同的事情和活动中脱离出来，自然就会是孤独的了，因为你与从前的同伴已没有了共同语言。一开始，充满幻想和没有阅历的双方会信誓旦旦，但随着分离，感情很快就疏淡了。眼前的力量是如此强大！现实的需求刻不容缓！真真是此一时彼一时，必须让过去的过去。于是很快，前行者有了新的交好，不再回顾；掉队者也被迫认清了形势，不再眺望。弱者的孤独还因为其独特的体验。原发的困难和继发的问题铸造了弱者独特的内心世界，为了生存和适应，弱者可能在理性上在意识中认同很多主流话语，以便具备一定的功能水平。但至真至深的体验却使其保留了不同于主流的情绪基调，这对弱者的真实自体起着关键的保护作用，这意味着在潜意识的身体层面，弱者能体验到、知道自己的真实。在主流中"正常生活"的人很难理解边缘个体的思想情感，因为彼此的情绪基调和关注点都太不相同，说生活在两个世界也不为过！如果你是个有些阅历的弱者，一定有这样的经验：不管是熟人还是朋友，当你们试图维持一场交谈时，你发现得事先在心里调整一下自己的频率，你得调频到比较"正常"的状态，就是说你得离开些你的真实，得靠近些对方的世界，这样谈话、交往才能进行下去。长此以往，你感到既消耗又孤单，可能慢慢就没有了打点起精神去演出的愿望，这时，你就从内容到形式，从里到外彻底孤独了！虽然从前也朦胧地知道那热闹是假的，但那热闹仍然很具粉饰作用，起码能把时间填补起来。而当彻底的孤独悄然而至，无论你心里做了多少准备,依旧感到恐慌和痛苦。不过你总算看清了一个真相:在强者逻辑的蛮横里,需要调频的,能够调频的,总是弱者!只能是弱者!最后,弱者可能想到同类。既然得不到强者世界的理解,弱者之间或许可以交流,可以相互安慰。于是一个弱者找到另一个弱者,就像串联难友。但出乎意料的是,结果大多很挫败。这挫败真让人百思不解!被兜头浇个透心儿凉的弱者只好懵懂而悻悻地退回孤独状态,从此多了一项思考:为什么同为弱者还要互相伤害?!仁爱和慈悲只能发自健康的人格,弱者彼此取暖的前提是得能接受自己,能同自己的"弱"和解。这样,才会最少防御最少投射地与人相处。如果弱者内心充满自我苛求和自责自罪的冲突,本身是强者逻辑的受害者却还要与攻击者认同,则势必会向交往对象施放恶意。悲哀的是,在强者逻辑横行的文化中,很少有弱者能完成自我接受自我确认的艰难之旅,弱者们一边受着折磨,一边又去折磨自己的同类,所以到头来弱者之间也要分离,也不能心意相通。

让我们来看看弱者的友谊和爱情。虽有上述种种,但只要活在世上,弱者就还是生活本身的参与者,总还有些许的朋友。生活的困苦加上心灵的磨难,使弱者对友情更为渴盼,把朋友看得更重。在他们充满局限和遗憾的生命中,友谊简直代表着神圣和庄严。当然这友谊应该具备充分的品质,不能流于泛泛之交。那首先得有一个提问:弱者和失败者有建立友谊的能力吗?他们会是不错的朋友吗?这是一个严肃而有意思的问题,是一个在心理学和社会学等领域都可以拓展出一系列研究的问题。换成临床心理学的语言，这提问就是：弱者和失败者有可能在心理上是一个比较健康的人吗？再要做点延伸，相关的问题还有：社会适应性强或高功能的强者成功者在心理上是否一定健康？弱者失败者在心理上是否一定不够健康？强者成功者的心理健康水平是否一定优于弱者失败者？伴随着切身体验，这提问多年来一直鸣响回荡在我心中。现在，无论从专业学习、阅读，心理咨询与治疗的工作经验，还是从对生活的观察、思考中，我都得出了确凿答案：弱者和失败者可以是一个心理健康的人，他们完全有建立和享受友情的能力。而且由于其特殊困境造就的敏感和成熟，弱者失败者往往能够成为更细致更忠诚更深刻的朋友。高功能的强者成功者不一定是心理健康的人，他们可能是隐匿（甚至是严重）的心理病人，用病态和幼稚的防御达成适应，这些防御受到病态社会文化的助长和鼓励。除去自身有关系障碍的情形，人格相对健康的弱者在友谊中感到的孤独主要是"不被看见"。前面谈到弱者的独特体验时对此已有涉及，只不过在情感更为紧密交往更为深入的友谊中，这孤独会变得更加凸显和尖锐。真正的朋友或知己必须能彼此"看见"，这"看见"既要求双方对彼此作为一个人的核心有整体的了解、认同和欣赏，也要求双方担当起彼此的自体客体，相互理解、映照、回应，起到共情支持作用。在强者逻辑的文化里，弱者在友谊中很少被用心倾听和对待，当然也就不会被完整理解。弱者失败者的真实以及核心可能从未被朋友看见和懂得。屡遭挫折后，弱者失败者可能会被迫采取分裂和隔离的应对方式，把自身割裂开来，把环境和朋友不想看的那部分自我包裹、掩藏起来，用能靠近对方的、挑选出来的、基本"正常"的另一部分自我去进行交往。这样的友情实为一种累积、持续的自恋创伤，其中自恋受伤的弱者失败者不仅体验着深深的孤独，同时也感到空虚和愤怒，情况严重时，甚至会出现完整性受损的脆弱与自体崩解感。弱者为什么那么难被看见?！或者稍微扩展一点（我相信这点扩展不会带来混乱）：为什么如今那么难交到相知的朋友?！难道克利斯朵夫和奥里维那样的灵魂挚友只是作家罗曼·罗兰的幻想？难道根本没有朋友这回事，我们人类根本没有友爱相交的能力？一路走来，在追求友谊的心路中，毫不夸张地说，我这个弱者真真称得上百折不挠痴心不改。年轻时的笃信和绚烂自不必说，即便后来经历了那么多那么重的离失、打击，彻骨的伤痛和重重的疑问也从未碾碎过我内里的信念。我想现在我知道了：这世上绝对有真挚的友谊，但这需得是两个足够强健的心魂！这样的心魂既要有稳定的健康自尊，还要有洞察、克服文化偏见的独立人格。我体会，弱者在友谊中的"不被看见"，既有环境、文化的原因，也有个体发展方面的限制。我们文化的一种倾向就是在心理上对"弱"和"失败"采取集体性的否认，而且以成败论英雄的强者逻辑，会使强者成功者在友谊中不自觉地贬低弱者失败者。功能性的弱和失败被标注被放大，其他精神品质和作为一个人的完整性被无视被略去。是整个社会整个环境在无视、贬低弱者，弱者在友谊中的"不被看见"不过是文化在情感关系中的一道投影。发展限制主要指我们文化中的个体自恋普遍不够健康。有自恋障碍或困难的个体，其潜意识里所有的活动都是为了获得自恋灌注。其中一种显明的形式是在友谊里表现得自我中心，另一种不易辨识的形式是自卑或自我贬低。自我贬低表面上看似乎是对朋友的肯定、抬高，但这绝不同于真心的赞美，不同于共情式的理解和映照。自我贬低的一方此时已无意识地把朋友拉入投射认同的圈套，所以这抬高和赞美是含着怨毒的，这虚假的抬高、赞美积攒着、酝酿着迟早会到来的自恋愤怒的风暴。总之有自恋障碍或困难的个体在友谊中没有能力去看到和共情对方，正所谓虚弱的自体无暇他顾，他们始终与朋友有着自恋之争。只不过双方都在主流之列时，情感状态和社会指标的相近和重叠使这种争夺、张力不甚明了。而一旦有一方跌入边缘或弱势，这种争夺和张力就会立刻凸显，直至变得不可调和。在友谊中，唯有自尊健康自恋饱满的个体能全然看见自己的弱者朋友，能给出专注、理解、安慰和有效的回应。

　　爱情是更为复杂的！因为爱情是基于性本能，包含着两性之间的吸引和审美，所以大多产生于自然，没有很多的社会思考。在爱情的审美中，弱者失败者不一定是劣势劣等，相反，在抛除了现实性功利性的衡量之后，尤其当爱情并不一定指向婚姻时，弱者失败者很可能是相当可爱的人，很可能成为爱的对象。但在为婚姻做考虑时，弱者和失败者的硬伤大多就成为阻碍，他们会像在其他的生活竞技中一样，败北、被淘汰。而这败北、被淘汰正是很多文学作品的主题和素材。这世上的爱情是多样的，我总是说，有多少个人就有多少种爱情，有多少颗心就有多少种爱情。一个人,他可能自始至终没有爱人,自始至终没有家庭,但你不能由此就判定他心中没有爱情。不管有没有实现出来,我觉得每个人心中都有自己的爱情,爱情与生命同在!真真应了那句话:风情万种!爱情是最富激情、最强有力的一种感情,我一直不知道要如何去描述,总觉得,怎样的描述似都有遗漏和遗憾,与爱情本身相比,怎样的描述都显苍白和干瘪。我甚至觉得爱情是道不尽的!它都有什么呢?不必说,它有天然的两性情爱,但仅仅这样还不够,在成为一个人的恒久探索与追求中,它还含有心灵的温存、柔情,含有对所爱之人社会性的理解、认同、激赏,像弗洛姆说的,要为爱人的成长贡献自己;像马斯洛说的,全然领会了对方最可贵最核心的特质。但到这里也还不够,我想爱情它还得有些侠义心肠,它必得有些超越利害的承诺和担当,它必得有种像信念一样的忘我、坚定甚至牺牲……我想起那句著名的话:要有兽性的活力,要有人性的温暖,要有神性的光芒。这形容爱情也正正合适!二十多年前,我在《小说月报》上读到短篇小说《肤色》时激动不已,觉得那就是我心中爱情的模样,确切哪一年我忘了,但月份记得清楚,5月,第5期。我特意复印了寄给在北京的朋友,那是哈尔滨丁香盛开的季节,所以我觉得,随信寄去的应该还有浓郁的花香以及我如紫丁香一样的心情。信上我半开玩笑地说:请看,这就是我的爱情观!我一直幻想着写一篇爱情小说,那既然现在有人写出了完全能代表我的文字,文笔又这么优美,我想我是不用去写了。两年前,我决定清理一下旧时的文字和信件,这清理使我沉回到往事中,被岁月尘封的许多记忆和情感浮游出来，我问了自己一些问题，其中一个就是：我有过爱情吗？这一问，心竟变得迷茫而含混，我也随之为自己的含混震惊！毫无疑问，作为一个弱者一个婚姻上的失败者，我肯定没有获得完整、幸福的爱情。然而，爱情一定都有结果吗？那些柔密美好的情愫，那些朦胧不清的好感、欣悦和渴念，算不算呢？一点儿都不算吗?!还有，就算别人没爱过我，我自己心中那些没能实现出来甚至没能表达出来的爱意算不算呢？也一点儿都不算吗?!有一点是清楚的，就是非要决绝、苛刻地说一点儿都不算，心会立刻感到有些疼，好似从中挖走了一些无形却一直珍藏的什么。什么呢？我并说不清。最后，为了不那么疼痛，为了对生活显得宽容大度，我回答自己说：也不能说一点儿都不算，也不能说一点儿都没有，也不能说一点儿都没得到。我记起周国平论爱情的一段话，深以为是。他说："不要以成败论人生，也不要以成败论爱情。现实中的爱情多半是失败的，不是败于难成眷属的无奈，就是败于终成眷属的厌倦。然而，无奈留下了永久的怀恋，厌倦激起了常新的追求，这又未尝不是爱情本身的成功。"没错，爱情本身是成功的，但追求爱情的个体多要遭受失败，这一点强者和弱者区别不大，弱者并无更多的劣势。并且当施爱者能越过弱者的"弱"和"失败"去爱时，弱者失败者甚至是享受到了超于常人的"被看见"的幸福。所以在涉及爱情时，如果说弱者失败者有更多的孤独，我想主要还是功能性的不被选择。这孤独不是在爱情的自在与发生上，而是在爱情的外化与实现上，就是当爱情要在现实里落地生根，要实现它一系列的生物社会功能时——要结婚生子,要共同面对血雨腥风的世界,要携手走完布满荆棘的人生,要组成生命的战斗组合,这时,弱者就得出局!放眼望去,很多婚姻已没有了爱情或从来谈不上爱情,很多强强联手的结合自始至终讲求的都是交换、对等,把名利和条件当成爱情,或任着名利和条件侵吞、挤占爱情,但所有这些都因其互助和竞争的功能性,被设为"正堂",这"正堂"里少有弱者的席位。不言而喻,随着内卷和恶性竞争的加剧,婚姻将越来越市场化越来越实用主义。弱者在爱情中的孤独形态各异,可能是不想拖累所爱压根儿不表心迹,可能是从未引起、得到过倾慕,可能是虽被爱但却不被选择,甚至是被迫进入到不适宜的婚姻。我曾在一个夫妻治疗的个案中见识过最后一种情形。那是一对年轻夫妇,妻子是中学老师,有轻微的跛足,人很文学,丈夫只念到初中,但极适应社会,手上有不错的买卖。在这段婚姻里,身体有缺陷的妻子是作为弱者被收留的。妻子得不到丈夫的理解,精神上很孤独,为此抑郁、绝望;而丈夫对妻子和妻子的抑郁都深深不解,用丈夫的话说,家中什么都不缺。丈夫甚至有些恼怒,在他看来,妻子应该感谢他,应该感到满足。这个个案的不可调和给我留下了深刻印象。他们只会谈了几次就不来了,想必那位妻子是一直孤独下去了吧。

在《孤独:回归自我》这本书中,斯托尔说了很多孤独的好处,强调了孤独积极的一面。他观察、研究了许多哲学家、科学家、作家和艺术家的生平,认为正是孤独使他们能专注于自己的思考和工作,以排除俗务之干扰,取得了非凡而浩瀚的成果。

他们或本能地感到自己的使命而主动选择孤独，或在被迫的孤独中触摸、逼近、探索和表达了最高的法则——生命与自然之真。他们有的心灵健康，开朗豁达；有的刻板强迫，但性情安适、恬淡；也有的处于病态的边缘，任何微小的人际接触和刺激都会破坏他们的稳定，只有疏离、独处和忘我工作能保护其脆弱的自体。但他们都是天才！我不能不想到过人的才能在他们生命中所起的支撑作用，那不仅仅是成就带来的乐趣、精神回报和社会声望，还有卓越的思想能力对孤独所有的近于哲学的体味和观照。所以说，天才的孤独与常人的孤独应该还有些不同。尤其是弱者的孤独，带有更多的被迫性。弱者的孤独常与失败、丧失、无助、被淘汰、被剥夺同义或相连。维基百科对孤独的定义是：孤独是一种重要的感受，在这种感受里个体体验到一种强烈的空虚、渴望、悲痛和隔绝，这是由于社会关系数量不够或质量不高。在这里，孤独被描绘成一种社会性的痛苦。当然，弱者在孤独中仍可有精神的空间，比如可以将注意的中心转向自身——向内看，体验和回归自我，可以不受侵扰地正视冲突和创伤，连接、确认与整合自己，最终获得某种一致和完整感。并且，对于年老的弱者，孤独也是一种对死亡的准备。我在一本精神分析文献中读到过这样一句话，说死亡是孤独之神，觉得这真是富有象征的诗意的描述！但孤独那致命的破坏性绝不容小觑！我的想法是，一方面在孤独中要努力去生活，同时也不可过度防御，要承认、接受孤独的损害性结果，而非简单地妄图把孤独变为不孤独。这种承认和接受包含着对丧失的哀悼，我以为是具有着尊严感的！在孤独中，我们可以尝试做一点抗衡：创造与萎缩的抗衡，积极与痛苦的抗衡……但务必适度！务必不能强求！等到孤绝的损毁性无可抵挡，我想最好的姿态就是安之若命。那时，生命将像秋季的落叶，终成、终归于宇宙中的自然！我一直忘不了罗曼·罗兰所刻画的克利斯朵夫那孤独的临终。生命将息，但心灵还在战斗。是啊，没人看了，没人参与了，就剩下自己一个人了！这时我们容易对生命的意义产生怀疑。但我现在想，这正是彰显意义的关头，一生积蓄的力量这时都派上了用场！是啊，没人观看了，似乎也没得选了。但我现在坚信，仍然有得选，也必须要选择。在这自由与不自由之间，正是我们生命的战场，也正是我们灵魂的舞场！不错，罗曼·罗兰是强者，克利斯朵夫是强者，但我再重申一次，弱者在精神上一生都可以前行，这宇宙天地一直为弱者留着一条精神之路。并且，我近来有一个新的领悟，或更准确地说是猜想，我觉得罗曼·罗兰的描写也许不限于强者，也许有着更广泛的象征，也许那是对包括弱者在内的一切心魂的理解。那些看似愚钝甚至无思无想的弱者、芸芸众生，或许已于身体层面在本能具足的智慧里完成了一致与转化，只不过所有这些都没有也不必上升到意识中来。那些卑微的无声无息的死或许已在无人问津的孤独中经过了最郑重的准备。

2022 年 12 月

独立人格和尊严

弱者和失败者经常遭到轻视，被人看不起。在我们的社会中，获得成功的一个重要目的就是争得脸面。只有得到环境的认可，被别人喜欢，我们才有面子。如果面子都是别人给的，如果尊重弱者的文明风尚还遥不可及，如果人们只看重强和成功，只肯把羡慕、赞赏、喜爱等积极情感投注给强者成功者，那么弱者和失败者还能去想、去谈尊严问题吗？身为一个弱者和失败者，我的尊严蒙受过数不清的挫伤。但这种种艰困也激发了我的思索：弱者和失败者可以保有尊严吗？弱者和失败者只能舍弃尊严吗？尊严是什么？尊严在哪里？……我们熟知的一种方法是放弃，就是对生活不再去期待，不再有欲求。我们想，那就什么都不要吧。也许什么都不要，就不会遭受屈辱了，不是有句话叫"无欲则刚"吗?！但实际上这不可操作。首先活着就不可能舍弃一切，其次就算你已退到世界的边隅，不看任何人脸色了，但你躲得过自己的心吗?！就算你瑟缩在角落里，谁也不睬你了，谁也不评价你了，可你发现你还能听到一些发问，还有一些如影随形的问题紧追着你：你怎么看待自己？你喜欢自己吗？你看得起自己吗？你觉得自己有价值吗？……就是说你自尊吗？你原以为躲过了人群就躲过了那评判那折磨，你原以为所有的不快、欺侮都来自外界，可是经年累月地，你发现，这不快和卑辱，它还在你的内里！你终于明白，即使跑去天边也甩不脱尊严问题。因为说到底尊严不仅关涉到别人，更关涉到自己。

尊严是伴随生命始终的基本问题。于环境而言，是对每个个体作为人的尊重，这尊重不需附加任何条件，你无需聪明，无需富有，无需成功，无需漂亮……只要你是一个人，就该被尊重。于自身而言，是个体天然的自爱，是发自本能无须思量的对自己的良好感觉。当然，社会心理学和临床心理学都研究证明，这种天然的自尊，或学术一点说，这种健康的自恋，得有好的养育环境，需要父母、老师等重要关系人适时、投情地关注、理解和肯定。在现今一切商品化的内卷狂潮里，到处可见弗洛姆所描述的市场人格，功利化的比较评判是对个体尊严最大的践踏，这种粗暴的比较评判几乎给全体社会成员都造成自恋创伤。稍事观察即会发现，很多高功能的强者成功者其实是空心的文化傀儡，他们徒剩虚荣，已整个被目标异化，所谓的尊严完全建立在指标性的外物之上。而大部分弱者，一旦在竞争中失利，一旦被淘汰和败下阵来，则会颜面尽失，被轻慢甚至被侮辱，会立时失掉所有人的尊重。缺少外部尊重的生存处境，严重损伤着弱者失败者的尊严，对于其中自恋原就薄弱的个体，这种损伤更为致命。它会在一个基底的层面剥夺人的快乐和价值感，会使人长久地体验到空虚，陷入一种不典型的弥散性抑郁。它也会使人更加退缩、惊恐和焦躁。由于这蛮横的环境是如此压抑和破坏着生命的根本，所以它还会使人产生一种看似无端的间歇性暴怒，以及随之而来的愧疚、无力和悲伤。不错，这幅图景就是多数弱者失败者尊严的大致肖像。

　　面子是乞求不来的，环境和他人也由不得自己。那么，在这无情的丛林中，在这残酷的搏斗里，面对种种轻慢、欺辱和敌意，还没有丢弃这颗心还想活出点人样的弱者失败者要怎么办呢？能怎么办呢？我的结论是，弱者失败者只能经由自我探索和精神成长，培植、增进独立人格和自尊，以获得内在的尊严感，获得爱自己的能力。没错！只有这一条路可走！简言之就是在没有他尊的环境中发展自尊。但这实在是一条艰辛的路，实在是说起来容易做起来难！因为这发展既不可流于口号，也不可一蹴而就。这发展不是认识性头脑性的，不是语言和理性的拿来，这发展得是熔铸进自身或更准确地说是从自身生发出来的体验。这发展其实是一种成熟自恋的形成，是一个健康人格的养成。这发展叠盖、涵括着自我觉察和理解、自我接纳和疗愈、自我探索和转化等多重内容。这发展是成为一个真正的人问心求真、持续努力的过程，如果够幸运的话，这发展将伴随我们一生。不过凝神细思，弱者失败者也是受眷顾的。因为强者成功者为了取胜，往往必得付出抑制、迷失和让渡自我的代价。从建立内聚性自体和发展独立人格的意义上说，被主流甩脱，反而让弱者失败者因祸得福，弱者失败者因此得到了某种被动的解放和自由，倒能始于被迫终于心甘地踏上回归自我的救赎之路。

　　自尊健康的个体总体上喜欢自己，他们有坚固紧实的精神内核，有符合实际的理想、雄心，有个性化的认同经验。对自己在这世上想要什么，想做一个什么样的人，他们有发自内心的热切期待。如果让我拣最要紧的，更本质更简略一点，我会说自尊健康的个体必得有基于自身性情和体验的独立人格。甚或说自尊与独立人格是同义的——自尊者必有内在的主张，笃定自由的心魂自有其尊严感。当遭遇外界不友好的对待和挫败时，他们也会自恋受伤，情绪动荡，但内心不至崩塌，自我不至散失，自尊不至瓦解。我认为当下社会对弱者失败者自尊的最大破坏是阻抑斩杀其独立人格，所以要在缺少他尊的环境中保持自尊，弱者失败者要做的自始至终只有一件事，就是努力去培植、建立、增进和发展独立人格。形象和操作性地说，其实就只有这一种斗争只有这一件事：环境与他人（四面八方排山倒海的声音）说："你不好！""你不配！""你不行！"而弱者失败者能够对自己说："我不错！""我还行！""我挺好！"是的，就只有这一件事。只有独立人格可以对峙、抵挡轻蔑和贬低。并且不光是对峙、抵挡！独立人格的发展最终将拆解掉一切辱慢和敌意，使心性提升，使怪兽的魔法失效——有独立人格的弱者失败者最终会穿越理性和认知，在情绪体验上由衷地感到"我不错！""我还行！""我挺好！"至此，就有了不可动摇的自尊，有了内在的稳定，有了精神上的自由，就有了任谁也摧不毁夺不走的作为一个人的尊严感。

自尊是一种直接的体验。在比较理想的情况下，独立人格和自尊都是在舒展的成长中自然形成的，最初都以感觉的形式存在。当然随着个体发展，以及进入更为复杂的社会情境，认知元素会参加进来。尤其当遭遇自恋创伤和挫败时，无论去寻求心理治疗，还是采取自我反思自我疗愈，修复自尊与培植独立人格通常都需要意识和认知层面的工作。当度过了初始的情绪应激和防御性反应，自恋受伤自尊被碾压的弱者失败者大都会开启、进入一系列思考：社会评价标准、自尊结构、内在价值观、身份认同、精神独立性、理想自我、真实自我、自恋水平……多数受伤的弱者可能不会用上述的概念性语言，但切身的冲突、困惑和痛苦会使他们的省思追询直击本质。他们会直观、平实但尖锐地想：自己与主流评价标准的差距在哪儿，当前的评价体系是否覆盖了自身的重要特质，这些评价是否合理；自己最佩服最想成为什么样的人，最看重哪些事情；什么东西会让自己感到有价值有尊严，自己拥有这些吗；自己有天赋有才华吗，有区别于他人的安身立命的技能吗；自己的个人形象怎么样，在人群和异性中有吸引力吗；面对生活的道路，自己能进行独立判断和思考吗，有选择的能力吗，会用牺牲自我去换取环境与他人的认可吗……最后，也是最关键的——所有的认知和体验合为一点：你喜欢自己吗，你对自己满意吗，就是说你自尊自爱吗?！

认知学派的治疗师愿意让自卑的来访者逐条列出自己的优点，以能更理性更客观地看待自己。这是个可行的过渡性方法，但就深度治疗和终极探索来说，我不看好此法。我认为此法不仅权宜而且有害，它隐晦地唆使着评判，暗示了无论他尊还是自尊似乎都有条件。不错，体会到优胜确实令人欣喜，认清了自身之可贵不在现实评价之列以及这评价的简化、粗糙，也能使自恋风暴稍事平息，让难平的心稍感安慰。但这只不过是用一片阴云代替了另一片阴云，我们仍无法得见那赤子心中的艳阳皓月，因为自尊仍陷于比较的泥潭！因为我们接下来（或许马上）会问：要是没什么优胜之处呢，怎么办？要是一切都庸常无奇，或者连庸常都还不如，怎么办？果真这样的话，那我既同情你又恭喜你——你抽到了最难的一题，你面临了真正的考验，容不得作假，容不得逃避，你接近、触到了精神之核心存在之根本：无条件的爱和尊重！一定有人提醒说，再怎么平凡再怎么失败的人也有长处，但我相信我的表述不会被误读，我想还原和追问自尊的真义。我想说的是真正的自尊不需要比较，它不是要依凭什么优点的自我认可，它是无条件的自爱，是自身独具的体验所产生的充实感存在感。独立人格也不是停留在认知层面的一套观念，不是对环境防御性和盲目的对抗，而是个体成长中自然形成的合于性情的个性化精神结构。对！重点是这"独具的体验"，是这"合于性情"。所以也可以更简便地说，只要过自适的生活就有自尊，只要守住本心做真实的自己就有独立人格。

在没有他尊的环境中发展自尊，弱者和失败者唯一能做的是去开辟适合自己的生活，追求、创建自身的和谐。这当中会有意识层面的思考，但只是过程性的，且并非必不可少，体验最为重要。独立人格和自尊都始于体验终于体验，所有的思考不论深浅不论多少，都落于体验归于体验，弱者失败者不是用头脑而是用心用身体寻找着好感觉。什么时候好些呢？在反复的尝试摸索中，弱者失败者体悟到以真我行事时比较笃定，做能力所及的事比较有胜任感，过自己喜欢且能得到的生活比较有滋味。当然以功利和占有的眼光看，弱者失败者的生活充满苦楚，凡琐低陋到不值一过。但如果能回归自我，身心合一，你会发现恰是这样的生活才有独具的色彩，既能驯服夸大自体，又能濡养自信、主见，不知不觉地让人生出舒枝展叶的贴切感安宁感——在磨难和痛苦中的尊严感。你不用刻意去想（你也可以去想），直觉会告诉你什么适合什么不适合。你不用把"自由"挂在嘴上，但你挣脱了"应该之暴虐"，有了选择的能力。有了这自由，你就有了一些坚定，有了一些从容。当外界评判已不能轻易左右和影响你，你甚至还有了一些超然。你终于获得了一种感觉，知道自己是普通的（或许连普通也够不上），又知道自己是重要的——两者一点也不矛盾。你依旧是弱的，是败的，但你身上多出了一抹光辉——有尊严的弱和败的和谐。我见过少量（生活中和作品中）在体验上完成了这一蜕变的人，其中有人对此有清醒的认识，也有人并说不出什么道理、观点，整个探寻转换的过程几乎未进入意识。但不管有觉无觉，披荆斩棘的心路是走过了，壮美激烈的一仗是打完了，独立人格和自尊是矗立起来了。在最内里最核心之处，一些事情发生了并带来了永久、根本的改变，由此，看似一如既往的生活完全不同了！

现今的很多强者成功者自体虚弱精神空乏，对己对人都没有真正的尊重，发展独立人格、建立内在的尊严感，其实是弱者失败者对环境的一种补偿与矫正。如果有更多的人能挣脱强者逻辑的奴役，开拓出自适的生活，就会帮助整个社会在集体无意识的层面垒建起一点尊严的基石，就会汇集成一种被看见的现象——更富有美与生机的别样的生命姿态和意义。有独立人格和自尊的人是生动的，即便弱和失败，也仍有一种感染力。这样的个体多起来，早晚会对现实有所启迪，对病态和疯狂有所遏制。就像弗洛姆说的，社会和个体互为因果。从这个意义上说，能给出尊重的弱者失败者倒成了勇者、先行者。所以发展独立人格和自尊，不仅仅是弱者失败者的自我救赎，也是其发送、贡献给世间的一道人性的光。

2023 年 7 月

做自己——哀悼与接受

身为弱者和失败者,总归是一件不幸的事。在这个求名求利的社会里,弱者失败者要想过自适的生活,当真不容易。只有真正照实地接受自己,才会走上自适之路,自适之路只能在真实中开辟。杨绛先生说:人各有"命"。"命"是全不讲理的。弱者失败者的"命"通常不好,生活有着种种欠缺,无论在现实中还是幻想中,那些限制和遗憾都令他们深切地感到被伤害被剥夺——"这不公平!""为什么偏偏是我?!""假如……就不会……"……要把这全不讲理的"命"心平气和地认领、接受下来,先要经过哀悼。哀悼含有复杂、交织的情感:否认,惊愕,愤怒,嫉妒,渴望,讨价还价,不甘心,愧疚,消沉,绝望,强烈的痛苦,悲伤……直至接受。弗洛伊德在《哀悼与忧郁》中指明:哀悼是艰难而缓慢的,其中涉及一个极其痛苦的、逐步的、内在的舍弃过程。哀悼关涉任何现实和想象的失去,可能为一段关系,也可能为曾经有过的、曾经成为的,甚至可能为希望成为的事物的丧失……完成哀悼既需要个体本身的力量,也需要文化、客体的支持。在缺少外部支持的情形下，哀悼将成为更加严酷、消耗的内在历程。

我认为现时社会的很多个体不能去做自己，就是因为无法完成哀悼。我们的文化不鼓励不支持哀悼，不欢迎负面的情绪，总想把低沉、悲伤立时除去，想立时立刻转为振奋、欣喜。但哀伤是一把钥匙，是一条路径，它将进入内里通向探求——怎么了？发生了什么？我为什么痛苦？一切到底是怎么一回事？我到底是怎样一个人？……如果很快就找来一些说辞（我们的文化盛产这种说辞）防御性地避开和掩抑住痛苦，这些导向真实导向生命深处的询问也就喑哑了。痛苦的哀悼是弱者失败者知晓真相的机会！很多强者成功者把自身对"弱"对"失败"对"真"的逃避投射出来，形成主流话语基调，形成铺天盖地的谎言之网。在这样的文化语境和情感氛围里，弱者失败者的哀悼势必困难重重。所有的阻挠都披着关心你帮助你的外衣，都打着"为你好"的旗号，明里暗里软硬兼施地都要你乐观、坚强、积极，要你去努力、去战胜，要你有正能量……结果是弱者失败者永远挣脱不了强者逻辑的束缚，无法找到属于自己的路。在临床心理治疗中，我目睹了一些不能完成哀悼的家长，将自身全部的失败和不甘都转换成对孩子的期望，这期望几近疯狂，简直成了一种迫害！他们幻想用孩子的成功疗愈难耐的创痛，借孩子的人生为自己扳回一局，孩子成了没有能力进行哀悼所以永远艾怨着的父母的止痛剂，成了服务于父母病态自恋的牺牲品。

弱者失败者要去哀悼的事很多：你得接受现实的自己。与别人比起来，这个现实的自己可能不聪明，不漂亮，不够有吸引力，可能体力不支、病弱，甚或有残疾。你得认清和接受自己的出身。你的出身可能决定了你没有别人那样的经济条件和见识，得不到至关重要的资源和信息，先天就失去了一些东西。而且你不仅生长于贫困闭塞之地，原生家庭还给你造成了终生难愈的创伤。你得接受倒霉和坏运气。不是你能力不行，不是你没去努力，但你还是失败了。没错，生命有时是不公平的，这不公平是存在主义哲学家关注的议题，也是亘古存在的生活事实。你得接受遗憾。你可能成为不了想成为的人，拥有不了想拥有的关系，这或许因为天资的限制，或许因为人事的俗鄙，也或许仅仅就是不赶巧不幸运。你得承受从天而降的灾难，得消化猝不及防的离弃，得面对不由分说的丧失……虽然对哀悼与接受的思考贯穿于我的工作和生活，一直以来我都悉心陪伴着来访者的哀悼，并尽力不放过任何省思和自我探索的契机，但我觉得我真正深刻、沉入性地哀悼是在退休之后，是在又一次经历了巨大的丧失之后。在这样的生命阶段里，在孤独的生活状态中，这思考与体验就具有了更多的统整性，无论纵向还是横向，都连接和辐射了更多的情感内容。我更为真切地感到了哀悼之旅的艰难，既难于其本身的属性，更难于文化的阻碍。不鼓励不支持哀悼的文化甚至会使人长久地不知道自身的境遇，虚妄的话语系统好似有着多条路径多种办法，但个体却有一种被卡住、动弹不得的无力感。是啊，强者文化并不打算共情和帮助弱者失败者的困境。在没有支持的孤绝中，坚定的心是多么重要啊，那是唯一指路的灯。必须坚定地信任自心的体验紧紧跟随自心的体验,否则,连进入哀悼都不可能。

　　哀悼被阻断会留下慢性的抑郁,会使人感到空虚和不真实,会强迫性地沿用、重复低效的防御模式。虽有一定程度的适应,但终觉有什么东西把自身的完整性割裂和破坏了。在《必要的丧失》一书中,朱迪思列举了一些哀悼的成果,如哀悼可能引发创造性的转变,哀悼通常会以建设性的身份认同为终结……所以哀悼绝不是消极、堕落,哀悼是成长的过程,只有充分的、成功的哀悼能通向接受。而哀悼后的接受才会是一种真正的适应,是对"真"的适应而非对裹挟异化我们的强力和环境的适应。在哀悼而至接受的路上,"做自己"的生活之门将渐次敞开:在操作层面,弱者失败者得以制定可行的生活与职业规划,使核心的价值、兴趣与自身的资质、条件达成现实的平衡;减少内在冲突,减少不甘、愤怒之类的情感和精神消耗,把心理能量转入和谐自适的目标轨道;增强对生活的掌控,因为知道了自己的真实,因为接受了自己的真实,所以会增强基于真实的选择能力,有了自由,有了抵制潮流和诱惑的超然;拥有了内在的自我和稳定性,在痛苦、跌宕的哀悼之后,终于与自己、与过去、与环境都趋于和解,终于建立起较恒定、独特、坚实的自体;哀悼与接受也是明心见性的过程。当你走近自己,你也就走近了自尊,当你像走回家园一样走回天性,你也就走回到爱和尊严里;哀悼与接受不仅使精神洞开,还使我们触摸到灵性,生发出悲悯。只有真正理解、宽容了自己才会去理解、宽容他人,无法超越强弱二分的高高在上的心绝不会有真正的宽慈；接受自己，做真实的自己，还会增强在生活中的遇见能力。现时的人际关系太过空洞、功利，个体投放于其中的多是工具性，少有真实的自我、情感。只有先成为一个真实的人，才能与另一个真实的人相遇，美好、善意和深情往往藏于细敏的弱者心间。最后，我觉得，做自己使我们更能履行生命的职责。因为这苦，这弱，这失败，是今生唯一的道场。我们唯有在这里学习、锻炼，唯有在这里寻找和创造意义。所以这个自己，是上天赐予我们的划向彼岸的舟楫。我永远不会忘记一些经历过重创的来访者，他们以惊人的韧性和毅力走过长程治疗的哀悼之路，走进和解，走进接受之后的恬宁安适，终于啜饮到那虽遭泼损却仍可享用的生活琼浆。我对他们满怀敬意！

　　人生总是伴随着丧失，在生命的自然历程中，强者和成功者也迟早会面临此类课题。当这些共性、普遍的丧失临头时，有过哀悼与内在转换经验的弱者失败者往往表现得更为坦然。这让我们看到，弱者失败者常常有着不为人知的智慧和力量。哀悼与接受是一个没有止境的过程，并无绝对的完满。但是能够开始就好，能够踏上这条路就好，能够对弱和失败去哀伤就比逃避真实的防御要好。也许有人会问：那要是完不成哀悼怎么办？要是陷进哀悼的泥沼走不出来怎么办？有这种可能！我深思过这个问题——与这种危险相比，保有一定功能的隔离、防御是不是更好呢？对此我无法给出一般性的回答，我认为这取决于性情。唯一能肯定的是，以我的性情，以我求真的价值观，明知冒险，我也会跳入哀悼的激流——起码我要与真实在一起，起码我要与自己为伴、做自己。我愿如是!

弱者更有可能成为一个好人。做自己本身就是一种成就一种快乐。如果不以胜败来论,如果不以输赢来论,如果不以优劣来论,弱者失败者完全可以拥有美好的人生!

2023 年 8 月

第二部分 一点文学练笔

你是我心中最好的

许多年后,当她回想起来的时候,仍然感谢生活给了她这八个小时。

比约定的时间还早几分,她敲响了他客房的门。楼层小姐走过来,笑盈盈地说,房间里的先生出去了,刚刚还在。她想,他可能出去迎她了,她就乘电梯又返到一楼。电梯门打开,她的心陡地一动,她看到他坐在大厅的圈椅里专注地望着门口。她叫了他的名字,他才把目光从门口收回,转而看到她,快速起身走近她。一瞬间,她恍如梦中,一片感慨在心里轰然化开,她没想到,今生他还能有一个时刻是在等她,他们还能有一个约会!她注意到他刚才的坐姿是专注、收束而毫不张扬的,不像这个年龄混得好或不好的一些男人,已经没有了一种认真的心情,无论在哪里都透着一种懒散和漫不经心,好像谁都不值得他们去等了。她注意到这点,她的心热了一下,他没有变,她想,他还是她想象中的他,她心目中的他,还是十六年前的他。他们说着闲话重又走入电梯,他说,真是不巧,刚才他们一定是在同时上下的两部电梯里错过了,她做出随意笑着的样子,不时抬眼望着他的脸，她听他说到"错过"这个词时心里又是一紧，但她掩饰得很好，一直亲切而随意地笑着。他的笑容也是亲切而温暖的，透着一股内心的明朗和质朴，但她看得出来，他有着一丝拘谨，他们显然都很重视这次会面。他打开房门，请她先进。她看到客房的外间摆着三张沙发，一大两小，一字排开。她犹豫了一下，最后在中间那张大沙发的靠边处坐下。她给了他一个选择的余地，他可以坐到她左手的小沙发上，那样的话，他们即是隔着两只木头扶手靠近而坐；他可以坐到她右手的小沙发上，那样的话，他们就远了一些，但也属于老同学之间合理的距离；他也可以坐在同一张沙发的那一端，那样的话，他们就显得亲近一些了。他倒了一杯水递到她手里，稍微迟疑了一下，他绕过茶几，跟她坐到了同一张沙发上，并且离她很近，这样，他们就几乎是并排而坐了。她想，她猜对了，他今天是来向她表示他的同情和温暖的，进而，他可能还会向她解释一点什么，甚至说上一两句安慰她的善意的谎言。但无论如何，她还是深深感到了他的善良，他的善良与她的善良是多么相同啊！只是他并不了解她，也没有给她一个了解彼此的机会。她想到这些，微微侧了下身，下意识地拉了拉裙子，她今天穿了条短裙。他一定注意到，十六年过去了，她竟还像在大学时一样朴素而随意，好像这些吃啊穿啊这些生活实事对她都是可有可无的一样，都是对付过去就行一样。她是一个不合时宜的人，不知道是钻到生活的深处去了，还是根本站在生活之外，总之，她的外表老显着不经意和马虎。他离得她这样近，使她觉得她的裙子似乎有点短，她就端起水杯喝了一口水，然后双手捧了杯掩饰性地放在膝头上，来之前她确实没想到他们会这样近距离地坐着。有那么一两分钟，他们谁都没有说话，谁也没有看谁，这就使他们显得不像一般的同学。他在寻找话题，她就任他去寻找，她没有像平素在生活里一样，老要委屈着自己的心压制着自己的心做出若无其事的样子，她一生都是在照顾着别人的情绪别人的感受，此刻她端着一杯水坐在那里，下决心不去解救他的尴尬，下决心要说出深埋在心里的话。这样一来，她就有了一种悲壮的心情，随他以什么话题开场，随他想说什么，那都是无关紧要的了。她像是拿着一件非卖不可的东西来到集市，又先自在心里把价定得不能再低，所以这一刻她的心是坦然而坚定的。过一会儿她就要开始她的表白，他听了会怎样？他会阻止她还是会听凭她？她不知道。但既然有了上述的决心，还有什么能阻止她呢？她这么一想，忽然猛醒到自己已不是十六年前的少女了，已没有必要含羞脉脉地低头沉思，那个远在天边的人，那个自认为今生已无缘相见相谈的人，那个原本觉得不会来理会自己的人此刻不就在眼前吗？她好像突然从年轻和不再年轻，从快乐和忧伤这种茫茫无措的心境中醒过来。她抬起头，带着有点沧桑的目光对他笑了，她用她的目光抚摸着他的脸，那是她多么喜欢的面容和笑容啊，那是她心中的面容和笑容！那面容和笑容由于时空的隔离，由于命运的隔离，多年来已经远淡了，成为了她记忆中一段情感的符号，像不可抓握的彩虹，已经成为了一个美丽的概念或者理想的轮廓，换句话说，在她奋力挣扎与搏斗的现实里，她早已不去思念早已无力去思念了。他倒是不像从前那样躲避女孩子的注视了，他没有躲闪地对她看着，笑着，她知道，坐得这样近，她的病恹和衰弱会是一览无余的。女人的年轻美丽是生活的作品，同样，女人的衰老也是生活和时间的作品呀！她迎着他的目光，她感到他的目光中饱含着关切，哦，多好啊！正如自己所想的那样，他没变，那仍是她心目中的他，她没有看错。他从根本上还是一个"正规"的人，所以仍然以他的工作来开场，但很快，他就停了下来。她知道他在想什么，她这时满含感情地对他望着，说："你瘦了，成熟了，不过你一点儿都没变。你好吗？"她说"你好吗？"这一句话时是怎样的温柔啊，她不知他有没有感受到她的心境。她是个相貌平凡的女人，但她的笑容此刻有着那么一种凄凉和深远的美丽，使人感到这轻轻的一句问候像包着一汪清纯的泪水，在隔了十六个年头之后，有着一种让人不忍碰触的重量。但她的笑容里很快加进了一些欣慰，她又说："我感觉到了你还是从前那样，我真高兴你没有变。"他这时的表情不再轻松了，他把目光从她的脸上移开，在前方游移着，他说："我后来都听说了，心里很不是滋味，几次想打电话给你，但总觉得电话里说不了什么……"她也把目光从他身上移开，她似乎被他的关切感染了，险些就想讲给他一些她的经历，但是她的潜意识还是清楚地记住了她今天来这里的目的与任务，所以她的目光穿过了十六年的风霜雪雨，最后准确地落在了那个时刻，那个他简简单单就拒绝了她的时刻。她像乘上了一辆逆行的时间快车，向着她内心的深处开去，她好像推开了今生本不打算再开的一扇门，把在那里安睡了十六年的另一个自己召唤起来，于是她就让那另一个自己开始对他诉说……

当她开始对他倾诉时，那年轻的身影在她心里是无比鲜活起来，宛如昨日！大学四年，他一直是学生干部，他总是学习工作两不误。他不像那些世故的人，会做给辅导员看，会做给系领导看，会既做好表面文章又省下很多时间。现在的大学生可能想象不到当年的他们有多珍惜学习时间。他总是舍得时间去做班级和社团的事，舍得时间去帮同学。就连插不上手的文艺排练，他也因为自己是组织者，从头至尾地陪着，就连烦琐至极的加补实验课的联络，他也自愿地承担起来。他做这些显得那么自然平常，好像一切都是他分内的事，从没有一句表白，也没有一点怨言，更没有一丝骄傲。之后他会默默地自己挤时间把耽误的功课做好。她忘记了在哪里看到的一句话：魅力是在本人没有发觉的情况下为别人感到的东西。他在她的眼里真是充满了魅力！这种魅力在青春时让她心魂激荡，在成年后让她更觉稳实亲切。"你是我心中最好的……"她此刻没有了十六年前的羞涩，更没有了十六年前的矜持。"是我心中最好的"，她反反复复地说着这句话，内容显得凌乱。她看起来仍是有点激动，声音虽不高，却透着亢奋，她像是看着他，又像是没有看他，她像是对着一片虚空又像是对着整个世界说着一个酝酿已久的宣言。本来，她似已曾经沧海，她以为自己早已心如止水，一切所谓的情和爱都在她以往的生活中化为了灰烬。她不禁想起《封神榜》中那个被挖了心的比干皇叔，她不是一直觉得自己就是那个没有了心的人吗？她貌似正常不露形迹地在生活中游荡着，任何一句咒语都可以把她击倒，因为她已经没有心了。她又想起《牛虻》中亚瑟的那句话，"一切情感的波涛都在我的头顶消失了"。但是此刻，她说着她的宣言，她突然觉得她的心并没有死。人的心是不会死的，她想，情感的波涛也不会消失。她接下来想，她也许没有创造某个宣言的力量了，但她仍有宣布它的激情。她的心盈满了泪水，并且，她清楚地知道，她并不是在机械地说出十六年前的腹稿，她所说的，实际上是十六年来她不断更新认定的修改稿，就是说，十六年来的生活和情感经验，使她更加坚信了他是她心中最好的。她回想着当年诸多的情景，她回想他当时说了什么，做了什么，她是如何体会的。她当年就觉得她会是最懂他的人，不是因为她聪明，而是因为他们相像。她好像早就认识他了，早就了解他了，好像他在做一件事情之前她就知道他要怎样去做。她甚至觉得他们应该是同一个人，就是那种在一个神秘维度里的雌雄同体的存在，他们应该一直都在一起，是在进入这个生命之际才被拆开。或者说他要是女孩子就会是她这样，而她要变成男孩儿就会是他！十六年啊，足以使一个女人成熟的时间，足以使一个男人成功的时间。经过了十六年检验的话语，她说起来就显出了一些分量，也使她渐而从容起来。"我清楚自己真正喜欢的是什么，我知道你在任何一个方面都合我的心，也许人最感到亲切的还是跟自己相近的东西吧，我一直认为在很多本质的地方我们是相同的……我能透过你的目光和语言体会到你的质朴、善良，真的，十六年前我就认准了，那时，只要你说一句话，我就会跟你走。"

她想起她那时对他的向往和迷恋,她知道他的家境不好,但她当时在心里不打啃儿地就决定跟他走(只要他接受她),要知道她素来体弱,所以当时,这也成为了她判断自己对他情感的依据。毫无疑问,她爱上了他!并且她知道,如果她错过了他,那她以后就再也遇不上他这样的人啦!事实也正是如此,她错过了他,她再也没有碰到像他这样的人。准确点,应该说是他拒绝了她,或者他根本没有注意过她、在意过她,根本没有一点喜欢过她。但她固执地用"错过"这个词,她有一种盲目的自信,她觉得那是生活没有给他了解她的机会,是命运而不是她这个人使他与她擦肩而过。她固执地认准他和她是一样的人,而他们这样的人在生活中并不多见,人哪有不想遇见自己的呢?!她老是这么想,所以老是一厢情愿地觉得是她错过了他。她说着这些宣言的时候,他一直凝神听着,虽然听这样的话不是一件轻松的事,但她感到他此时还是在努力理会着她的心、她的情感。时隔多年,他真心为自己当时草率的做法显出歉意,他甚至有些不理解当时的自己了,他陷入了深思……他原本坐在她旁边一直侧身看向她,这时他转回去,看向前方,然后又站起来走到那个离她远一些的小沙发上坐下。她就也停下来。她好像完全明白他的心思和感受,她知道他坐远一点是为了更好更认真地听她和看她,是为了更好更认真地和她说话。好一会儿,他才轻声地说:"我那时很简单,真是太简单了……"接着话音更轻,就像喃喃自语了:"我当时太不了解你了,唉,太不了解了……"他的话也凌乱起来,但这和她的凌乱是不同的,她的凌乱是激昂的,而他的是无措和无力的。看他这样,有那么一刻,她真有点不忍心了,都过去了,她想,还有什么可说的?!干嘛让他像对着一个临危的病人一样对着自己,不知说什么是好呢?但她即刻说服了自己,她今天做什么来了?要不是他因公事飞到她的城市,要不是他把她约来,她自然就永远不会提这些了。这些美丽而温柔的情感,这些热烈而亲切的话语,将永远被生活的琐碎和忙碌覆盖,他永远不会知道这个世界上有一个女孩儿,后来是一个女人,是这样地喜欢他、认同他,是这样地懂得他。他可以不为此动心,年轻时也好,现在也好。但她觉得还是应该让他知道,她认为,爱,是生活赐给人们的最珍贵的礼物,她的心产生了对他的爱,她不应把它截留住而不送给他,即使他对她没有丝毫的回应。此刻她的豪迈的一面就显出来,她想,她并不是来乞求他的安慰和情感的,她只是来送给他自己的心和情感的,这一想她就坦然了,也更加地放达起来。她深情地注视着他,她说:"我多么喜欢看到你啊,我还记得当年咱们在穗城船厂实习的时候,你穿了一件米色的夹克衫……你老是跟男生出入在一块儿,我多想陪你上一趟街啊……我的心中老是你笑盈盈走过来的样子,那些日子,梦里都是你笑盈盈地走来……那时的功课,就没有你不会的,除了外语稍差一点,好像什么都是第一。"他好像马上替她找到了一点儿自己的缺点,他马上说:"我外语不行,我普通话说不好,现在也说不好。""不,我爱听。"她柔声打断他,并且没有允许他继续自我批评。她好像被时间和空间催迫着,生怕说不完或说不清要对他讲的话,所以她像生怕有什么干扰:"我还爱看到你因为谦逊和真挚而显出的那么一点笨拙，还有一点羞涩……我至今认为，没有一点笨拙的男人，特别是年轻男孩儿，那甚至可以理解成他对生活不大认真，甚至可以猜测他不是一个忠厚的人。""是的，我不会说话。"他憨厚而真实地笑着，连连点着头。"我喜欢你不会说话，"这么说时她原本荡满爱意的暖暖的面容像突然结了一层霜雪，她阴郁地又说："我喜欢你不会说话，你知道这些年我为一些不负责任的话付出了多少代价吗？！"但她好似即刻领悟到她的话走了题，偏离了她今天赴约的目的，所以她把刚才不快的表情，像赶走一个不听大人话的在客人面前顽皮的孩子，她又是暖暖的了。也许他怎么都没有想到她会这样向他表白，也许他怎么都没有想到她是这样地爱他、懂他，虽然她通篇的话里没说出一个"爱"字，就像十六年前她也没对他说出过这个字。她感到他被一种震撼感和郑重感穿透了。他没有说安慰她的话，他是觉得那样的话太无谓太轻飘了吧？此刻他没有了无措和局促，一种强烈的情感使他跨过了所有日常的羁绊，迈入到一方乐园。这情感是什么呢？是幸福吗？是亲近吗？是爱吗？是美吗？是知遇吗？是怜惜吗？……他分不清，可能都有吧！他只觉内心掀起滔天巨浪，并且一股温热甚至委屈蹿进他的身体，蹿进他的眼里，他觉得马上有一些东西会从他身上流溢出来一样。他起身走到窗前，背对她站在那里。她似乎懂这一切，静静地坐在原处，等他平复下来。这是他多么渴盼的啊，他想，好像他一生都在等这样一份理解，都在等这样一场相认。这是他多么渴盼的啊！不错，他现时的生活是很好的，他有很好的事业，有很好的家，有很好的爱人，对于生活他从没有过任何抱怨，但此时他似乎瞬间明白了自己那一直以来的不可名状的孤独。他想着她说的话，不，不，他立刻又知道那不仅是话，那是她整个的人是她的心对他的认出和懂得，在这茫茫的世间，他想，唯有这样的相认和懂得才能让人感到完整，感到安慰，才能真正酣畅啊！……这是他的话吗？一时间，他有些恍惚，他的心像被劲风鼓起的帆，那么多的情感和印象滑过他的船舷，他想抓住这些看个真切，但它们就像一群鸟，还没来得及形成语言，就从他的心上一掠而过，"扑棱棱"地飞走了。但是已然够了！已然够了，他以感受而非语言的方式懂得了一切，这是最原初最完全的懂得。他惊异于她对他的了解，她是怎么知道的呢？！好像他自己都从不知道这么多，从不知道得这样清晰。他知道自己是个好人，别人也老这么夸他，但至于好在哪儿，怎么个好，他从未细究过，但是她把这一切全说清楚了。除了他们相像，他只能想到因为她是女人，尤其在年轻时，女孩儿有着男孩儿不具备的细敏！他觉得直到今天，直到此刻，在这个接近不惑之年的完全意外的日子里，他才真正明白了"相知"这个词，也才相信这世上真有"相知"这回事……他就那样背对着她在窗前站着，像不顾客人在场就打开了礼物，并且被这珍贵的礼物惊魂夺魄地击中了，忘记了客人，忘记了一切。他知道这礼物是要用一生去回味和享用的，用一生去收藏和忆念，他会在之后的生活里，在他一个人的时候，经常回想起她，经常回想这些话，回想她这些如歌的语言。对，如歌的语言！他觉得他终于找到了一个准确的词。此时，他似才发现她的光彩，他想他们确实很像啊！她的光彩也如他的一样，毫不张扬，却醇厚绵长，因为诚挚，因为谦逊，因为一贯的坚韧踏实，因为总想着别人的善良，而有着不易识别却深邃的光芒。他明白了这是年轻时的他不能发现和体会的！他的心被一种既幸福又痛苦的情感攫住了，这种心情就像一个刚得到珍宝的人却又要失去它，立刻地、无可挽回地、眼睁睁地失去！是的，他们是彼此错过了，这已是不争的事实！并且，他还知道他们什么都不会去做，不能去做，她和他是一样的人，对他们来说，什么都不做是最美和最好的。当他转身走回来坐下时，她看到他的眼中有湿湿的泪光，他这个不善言辞的人定定地看着她说："你把我看懂了，你是真正懂得我的人啊，你是真正懂得我的人！可惜我们当时，不，是我，是我当时太年轻太简单了……"他低下头去，双手交握，但随即又抬起头，用一种热切的目光望着她，不甘心地求助似地说："我们做最好的朋友吧，做知己！""我早已在心中把你视为知己，我早知道你与我是一样的，只是你不知道。"她微微一笑，轻声说。这一次，她躲开了他的目光，她没有鼓动他的热切，她绕开了他那个指向未来的做知己的建议，她知道那是一个他们无法面对的太大的难题（或许不光是他们，而是人人都难以面对）。"我早已在心中把你视为知己"，她就用这淡淡的一句话把他给唤醒了，把他从想挽回点什么想弥补点什么的迷茫和徒劳中解救了出来。此刻，她好像终于把一份艺术评论当面交给了作者又得到了肯定，她只觉得她的心像黎明时分的一池清波，舒展而宁静。他懂得了她的话，懂得了她的心，什么都不用说了，他明白了，他明白了为什么他是她心中最好的。她把昨夜的甜梦交给了他，她把那份珍贵的礼物交给了他，她的心可以安适了。他是多好的一个人啊，她能认识他，能在人群中识别出他，她能喜欢他，爱他，并且能把这些告诉他，这就已经够好了。至于他如何看她，如何感觉她，至于他是不是喜欢她或是不是有可能喜欢她，那又有什么关系呢？只要生活中有他这样美好的人，她不是就应该感到欣慰吗?！所以这时她有点孩子气有点突兀地对他说："你不要变，真的，不要变得让我失望，一定不要变得让我失望。"

　　都平静下来之后，她谈起一些旧日时光，晚自习，电工实验，新年晚会……她问他还记不记得教学楼晚上那通明的灯火，几乎每个窗户都亮着灯，每间教室都坐满了人，鸦雀无声，他们那时上晚自习是要提前占座的，那真可谓壮观！多少年后，当和朋友和后来她的学生们谈起，她总说她的大学生活就是教学楼晚上那一片灯火，那幅画面是如此深地刻在她的心底，充满象征，有着一种经久不衰的辉煌！那时教专业课的老师很多都住在院区，经常晚饭后在散步途中拐去学生辅导室，有的还带着夫人，为学生答疑，跟学生谈心，师生双方都乐此不疲。那时可没什么导师制，那可都是不算课时的，免费的，自愿的！当时的电工实验是最让人头疼的，特别是一些动手能力差的女同学，常常在课堂上完不成。当年他们多认真啊，他们申请让老师在晚上开放实验室，以便能去补做实验，直到得出正确满意的结果。她清楚地记得，为了完成一个特别难也特别重要的实验，她们几个女生有一次竟在实验室待到半夜十一点多,门卫大爷为她们破了例,实验室的值班老师一直陪到底,还有两位男同学自愿担任指导者,那其中的一个就是他。她问他是否还记得此事,他无比怀念地笑了,很肯定地说:"记得记得,咱们班的女生都特别要强。"他们又忆起新年文艺汇演,那时物质生活匮乏,每到演出前总为服装犯难,他们没有钱,但有工科生特有的想象力和制作能力,他们总能化腐朽为神奇,齐心协力地创造出新美的舞台造型,被激情鼓舞着,展示他们那青春的生命和梦想……他像被她拉着走回这青春岁月,他们那一代大都是理想主义者,那是多美多纯净的生活啊!他惊异于她那超常的感受力!无疑,大学生活在他心里也是美好难忘的,但他感叹没有她这样的语汇,他觉得记忆里的事,一经她描述仿佛就镀上了一层光。他注视着记忆的底片,那底片很快聚焦出画面,工科里的女孩儿少,在班上仅有的几个女生中,她显得柔弱文静,她总是随和着大家,眼里藏着浅浅的笑,同时好像还藏着一丝怯意……他们当年的服装很单一,没有现在这么多款式,更没有现在这么多风格,无论男生女生,每人就那么几件衣服。他记得她很朴素,好像她唯一爱美的表示就是把小碎花的衬衫领子翻出来,他仿佛隔着时光看到了那围绕着她脖颈的细碎雅致的花朵,那花朵就像清亮亮的一圈小星,一个干净清爽的少女形象立时清晰起来。他瞬间有些感触,这感触像勃发的春意,在他心里铺展开……她是多好的一个女孩儿啊,他想,她是多好的一个人!中午时分,她起身告辞。她原本计划在这里待三个小时,她认为三个小时足够让她说完想说的话。她可以走了，即便今生再不与他会面，她也没有遗憾了。但是他执意挽留她一道吃中饭，她就引领着他来到那条著名的街，找了一家安静的店，共同吃了一顿饭。吃过饭，他们又在江边走了一走，坐了一坐。这一切都使她觉得有点脱离真实——他跟她一同举杯，他那么温存而着意地走在她的旁侧，他那么亲密而靠近地坐在她的身边，这一切也使她有些伤感起来。当他们在江边坐得很靠近时，他们知道要分离了。她几次忍不住偏转了头无比眷恋地看他，他就离她这么近，她多想用她柔软的手指抚摸一下他的脸啊！他的身材是适中的，肤色也是适中的，她心中豪迈的那一面此刻退去了，她真是觉得遗憾啊！不错，她不漂亮，但她年轻时是小巧、清秀而可爱的，她真的是一个好女孩儿、好女人，潜意识里，她甚至坚信如果命运给了他们机会，他一定能发现她的可爱和美，他们会在一切方面都幸福和谐的。他的手机响了，他要去赴晚上的一个饭局了，现实的事情唤醒了他们。他们在一个路口道别，她没有抬头看他的脸，礼节性地握手之后，隔着短袖衫的边沿，她用右手轻轻抚了一下他的左臂，她说："别把今天忘了。"这是她在十六年之后重见他，对他做的唯一一个亲昵的动作。之后，她没有回头地急步向前走去，泪水流出来，但他不可能看见了。

写于 2001 年夏
改于 2022 年 2 月

我将向谁告别

（一）

早晨醒来，林希没有马上起床，头似乎还有点晕，心脏也还是感到沉。她从左侧的窗望出去，看那灰色的天空，絮状的云。她有一种直觉，知道自己的时间不多了。确认了这种感觉后，她心里一阵轻松，甚至夹杂着秘密的欣喜。五年前父亲去世时，她就觉得她的生活结束了。她与父亲感情很深，在母亲病逝后的十多年里，他们相依为命。按她的预计，父亲应该可以多活好些年，他一向健朗。她经常说："爸呀，你要长寿啊，你要陪着我，这样也就把我成全了！"父亲也对自己的身体信心满满，但，就那么突然地，就从一场感冒发烧开始，他的身体状况就急转直下，让人毫无准备地走了。林希觉得父亲的走抽掉了她大半条命，那丧失巨大到要把她杀死，又偏偏不让她死，那疼痛剧烈到要把她碾碎，又偏偏给她留口气。她无法在空荡荡的屋子里待着，时值隆冬，可她必须出去，同时知道没地方可去。她就去坐公交车，从起点坐到终点，下来后再换一路，再从起点坐到终点。车窗上结着冰霜，车里很昏暗，她把头靠在冰冷的车窗上，蜷缩在座位里，心中一片空茫。那段难熬的日子，幸亏有那种"结束"的念头，那念头在无法忍受的空茫中给了她一个支点，或许还有一点安慰——反正一切都无所谓了，反正没什么可牵挂的了，反正怎么样都行了。

可结束并不是那么容易的，问题远没有那么简单。她身体本就不好，这时更垮下来。她支撑着上完了最后一门课，指导完最后两名学生的毕业论文，转过年，正好五十五岁，她就申请退休了。系主任和平时要好的同事问她要不要再考虑一下，大家都知道她孤身一人，没有了工作日子就更没了内容。但林希谢绝了。虽然她很热爱讲课，舍不得这讲台，但她觉得只有自己了解自己的身体，她讲不动了。就在这里停下来吧，恐怕也必须得停下来了。林希记起张洁的长篇散文《世界上最疼我的那个人去了》，文中说她领母亲看中医时，医生说"老太太已经把全身的劲儿都用完了"。林希觉得，自己也把浑身的劲儿都用完了。她是个天生体弱的人，又有着热烈的情感和憧憬，这使她的生活不知要比别人辛苦多少倍。尤其在年轻时，在那被生命的绚烂诱惑得自不量力的很多年里，她像是一个混在队伍里的伤员，不知道自己的伤情，不知道自己的危险，满怀期待地跟着大家，相信大家的路也是她的路……她每年都要去教务处申请，请求排课表的老师把她的课分开来排，因为她的心脏不允许她连续讲课超过三小时。甚至想想最初转到教学岗的动机，都与她的身体应付不了严格的坐班有关……类似的事真是数不胜数，林希想，她一生都是这么擦着边儿对付过来的啊。她深深地怜惜自己，但也绝不后悔，她觉得以她的性情，重来多少次都会是这个样！怜惜自己的同时，她常常也享受着一种豪情，她觉得虽然她像是走错了队伍，但那自不量力的桩桩件件也是一种痛快淋漓，像本该乖乖躺在家里的病人却溜出去做了那么多疯狂的举动。难道不要命了吗?！但她想，林希想，她总算拥有了一点生活，没有就那么认命地一直躺在病床上。她总算也生活过了，即便这生活苦不堪言，即便这生活得拿她的一段命去换，她也甘愿！

这五年里很多时间她都在生病。她没有大动干戈地检查治疗，一是她没有这样的资源和条件，二是她觉得这病对她再正常不过，是身体以自然的方式代谢、转换、表达着她的心和情感。林希甚至觉得这病是她的友伴，让她时时不忘过往，让她处处看清现实，警醒、矫正着哪怕到了这个年龄到了这步田地仍旧在她心里奔突、萦回的梦和激情。所以这病倒给了林希不少安然。刚退的那两年，她还在学生荷花的心理咨询机构里接点个案，还给年轻同行做点督导。后来因为疫情的影响，身体又每况愈下，她就彻底不工作了。那么，林希想，接下来这段时间她干什么呢？或者清楚点说，从现在到死的这段时间她该干点儿什么？她能干点儿什么？她听周大新描写老年生活的小说《天黑得很慢》，心里涌动起一股感触，那是只能一个人暗自咀嚼的感触，因为前路似乎既确定又不确定，一切似乎既心照不宣又不宜道破，坦然中仍有着恐慌和无奈，接受中仍有着期盼和伤感。啊，这生命的逝去！这人生的落幕！林希把电脑中存放近两年照片的文件名都换成了"THZQ"，那是"天黑之前"的拼音字头，然后加上1、2、3、4的标序，这样做了之后，她像在心里完成了一个小小的仪式。父亲的离开仍是她不能碰触的彻骨的痛，她仍不明白为什么自己尽全力地为他营造舒适，拼命努力，上天还要这么快、这么突然、这么不由分说地把他夺走？为什么这么残酷地对她?!但渐渐地，林希也有了转念，她想这难保不是一种眷顾！对父亲对她都是一种眷顾！如果父亲没有尽快解脱，如果父亲延拖到她不能支撑的一日，那岂不更惨?!那可怎么办?!又或者父亲还好，而她在父亲之前出了事，父亲眼见她出了事，即便他的身体和精神都还能承受，可那要怎样去承受啊?!林希宁可承受这一切的人是自己！而她现在的任务就单一多了，就只剩了一件事，并且父亲再不用为此操心犯愁了。这不是挺好？这真的挺好！

　　絮状的云朵散尽了，天空现出明净的淡蓝，已经八点半了。林希起来把药吃了，站在窗前望下去。小区里有邻居在遛狗，三只穿着黄色、绿色、粉色狗衣的小狗在院子里欢跑，给萎靡的冬日的早晨增添了一抹生机。林希不太喜欢小动物，甚至有点怕，但她今天对那三只小狗看了半天，她已经好几天没出门了。林希住的楼层并不高，但此刻她突然觉得窗下那片空地都离她遥远起来。手机响了，是荷花的电话，问这两天要不要过来帮她买东西。自从三个月前那次心脏发病，林希已经不能独自上街采购了，她必须得接受帮助了。而荷花就是那么自然地站到了她的身边，不着痕迹又坚实可靠地领取、担当起照顾者的角色，并且以一个专业咨询师的细敏，体贴着她的仓皇和无措，护卫着她的尊严。林希对接受帮助是不大习惯的，虽然她柔弱，可谓是个弱者，但在职业和生活中却一直都在给出，真临到自己要被照顾，内心真是五味杂陈！"这真是不容易啊！"她反反复复在心里对自己说这句话，含混却又真切。荷花似感受到什么，所以荷花就说："哎呀，老师，从前您不是老跟我们讲，能欣然接受善意和帮助也是一种能力吗？现在您有了这样去学习和体验的机会了。"林希明白荷花的好意，荷花想以这样的玩笑使她轻松。她也就领情地回应道："好吧，我就活到老学到老吧。"她们认识十五年了，荷花是系里招的第一届应用心理学硕士，那年是全国统一出题，所以上来的学生凭的都是真本事，素质和水平都比较整齐。林希还能清晰记起当年的课堂，荷花那时给她的印象有点独来独往，总爱坐在一进门靠左边第一排的位置，仰着漂亮、灿烂和光洁的笑脸听她讲课。而今，荷花已经在这个城市开创了幸福生活，有了三口小家，有了自己的机构，成为了一个成熟的咨询师和管理者。林希告诉荷花吃的东西都还有，荷花就又问那要不要去看下中医，荷花的同学介绍了一个不错的中医。林希说手上写着的东西还差点，想趁这段的小平衡把结尾完成，所以看医生的事想再拖拖。荷花也就不再催劝。荷花似乎非常了解林希内心的序列，她知道林希在意什么，看重什么。虽然荷花同时也知道林希在意的事在别人眼里大多一文不值，虽然荷花也觉得林希有些理想化甚至有点幼稚，但她喜欢林希这个人，而且可能正因为这种笨拙和不合时宜，她才更尊重林希。荷花这时就说:"那好吧,林希同志。不过你要慢慢做,切不可累着,要保证休息第一,情绪平稳。"这回是林希把玩笑开过去:"好好好,一定听荷老师的,一定听专家的话。"挂断前照例是荷花咯咯的笑声。

(二)

林希零零散散地写了点东西。那是她多年来教心理咨询做心理咨询的思考和体会,算是笔记、札记一类吧。与那些专著和论文比,这样的东西可能在界内界外都无足轻重,无人在意。但她自己很珍视。她写得很认真,常常为了回顾一次会谈、忆起一种感受,为了确定事件先后、互动细节、关键场景翻找陈年记录和案例报告。她珍视这些切身所感,那细细碎碎的感思是她和来访者数千小时倾情工作的所得,是一种追求和探索的见证。她叙述出来的很多观点、体会、失误、疑问、设想和建议,都是那些找到她、信任她、想认真对待生活的人教给她的!当她回视,那在时间顺序上或远或近的每个身影,都带着他们特有的气息鲜活起来,用临床术语说,就是每个来访者都有其独特的防御和移情……林希觉得,她和来访者共度的不仅是时间,还有生命。她想,如果这些文字能够出版,书名就叫《与来访者一道体验人生》吧。与来访者一道体验人生,这话总让她心里激动,总在她心里回响。二十多年前,她刚转行去安定医院进修时,她的带教老师、临床心理科的女主任问她对心理咨询的理解,她脱口而出:"心理咨询就是与来访者一道体验人生。"主任是个既干练又宽厚的好人,听她这么说,愣了一下,但随即笑开来。主任说:"林大夫呀,你这个说法我还是头一回听到。当然你说得也没错,不过还是太浪漫,太文艺了。"回答完其他进修医生的提问,主任又望回林希补充道:"以后做多了你们就知道了,这工作难得很艰辛得很,远没有那么浪漫的。"主任说得没错!这工作难得很,艰辛得很,后来她全盘体会到了。只是一直以来,与来访者一道体验人生的话仍在她心里盘桓不去,她仍爱以此来描述咨询工作。如今,她更为笃定,她觉得这艰难无比的工作同时也充满乐趣,充满回报,充满创造,时时惊现出生命的绝伦精彩,处处展露着心灵的波澜壮阔,真真正正是一种艺术!真真正正是一种浪漫!

　　大部分的时间是病弱和孤寂的。林希知道她不想要这样的生活,她怕这样的生活。但她很快明白了,她什么都得接受。没人在乎她的恐惧,也没人要听她的诉求,原以为一生的功课都已做完,此刻才惊觉,那最后最难的一道题才刚刚示现,像一个一直尾随着却藏匿得很好的高手,在她已虚弱到几乎无法站立的时候,就那么毫无怜悯地拔剑挡住了去路。啊,终点已放眼可见,但这回家的路上还有一场躲不过的战斗。她虽然虚弱,但这无可避免的恶战似也挑起了她的斗志,竟使她的精神高亢起来。她在心里对自己说,林希同志,希望这最后一题你也能及格,希望这最后一仗你仍像个战士。并且,林希同志,也许这最后的一仗也给了你最后的机会,可以使你活得更像一个人!

她体会到了什么叫断崖式衰老。她的身体节节溃败，什么都不行了。眼睛也不行了。那就听书吧。林希在手机上下载了软件，开始重听少女时就读过的一些名著。她重听了《牛虻》《悲惨世界》《简·爱》《呼啸山庄》《约翰·克利斯朵夫》《复活》……她以前没读过毛姆，从《月亮与六便士》开始，她又一发不可收地听起毛姆：《刀锋》《人性的枷锁》《寻欢作乐》《面纱》《偏僻的角落》……她还听了许多年前薛松老向她提起老建议她读的《卡拉马佐夫兄弟》《罪与罚》《白痴》，听了《日瓦戈医生》《双城记》《无名的裘德》《查泰莱夫人的情人》……林希似乎在濒死的焦渴中又饮到了甘泉。她常常躺在那里心潮起伏，泪流满面。那书里的人和事多么遥远又多么切近啊！林希感喟着，那些早已认识的文字，在年轻时是不可能真正读懂的啊！她听着这些书，却像是有人在倾听她，林希得到了巨大的安慰！听这些书的时候，她也似回到一方久别的乐园。林希就想到薛松，那是她童年的伙伴，她的知己（她现在这么认为）。他们整整二十年没联系了。她想告诉他，她听了他推荐的作品，她还想跟他讲心中万千的感慨，万千的语言！但林希知道，他们此生都不会联系彼此，不会相见了。林希就温柔而忧伤地想，亲爱的朋友，那就让我在心里与你交谈吧。

这最后的时日总算没有白过。林希总算看到一些真相，也看清了自己的生活，连缀起自己的真实。哦，天！原来是这样！原来是这样！她不知在心里无声地惊呼过多少回。其实事情也很简单，让大家（亲戚、朋友、同学、熟人）生气的就是，作为一个两手空空的失败者，到今天她还没有自知之明，还不够服服帖帖，似乎还没有真正认输。有一句话叫不见棺材不落泪，可这林希，怎么见了棺材也不落泪呢?！她还一脸恳切，总想要跟谁平等地谈谈?！活像一个落榜的倒霉蛋，挤在取得功名的优胜者中，还没心没肺不识时务地一心想找人讨论试题。这副不知深浅可笑至极的样子怎能不惹人厌烦，不惹人气恼呢？唉，这林希，她可什么时候能醒?！前两年，她的身体还可以放缓行程，去外地走走。林希联系上最早的闺蜜、她童年的伙伴庄丽，她兴兴地专程去到北京，但事后追悔莫及，真是相见不如不见，那会面真是一场创伤！她们勉强而艰难地维持了表面的礼仪（连表面的亲热都算不上），林希改签机票提早返程了。一切想向老友诉述的话都没有说，一切的别情都没有叙，因为庄丽的姿态。庄丽可谓人生赢家，事业平顺，婚姻幸福，儿孙绕膝。庄丽要林希明白，在这场人生里，林希错了，林希输了，任何的苦果都是她理应承受的，认就是了，没有什么好讲的。庄丽以为林希早该驯服了，没想到林希像一个早已被宣判却一直神志不清的犯人，还是那副不明事理不思悔改的傻相，与年轻时毫无二致。庄丽真是气不打一处来，甚至感到被冒犯了。难道林希不该羡慕她的生活吗？难道林希不该忌惮她们的差距吗？难道林希那种糊糊涂涂不分尊卑的亲热不是对她成功的无视和冒犯吗?！林希像对着久别重逢的亲人还没醒过味儿，或者也觉察到了什么但一时还不愿承认，此刻的林希就像扯着大人衣襟儿不肯撒手的孩子，心里也知道只是拖延着最后的弃别。林希就想谈点她们共同的过去。林希提起她们共同的伙伴薛松，提起薛松的夫人常丽，"我真的很想丽丽，"她们都跟着薛松这么叫，"我至今想不通，她怎么就不理我了呢？"庄丽像对着一个连一加一等于二都不会的人说："这点你都不明白？！薛松心里有你，谁愿意自己老公心里还有个别人？"林希感到委屈："可我并没做错过什么呀！而且什么叫心里有我？大家不都是朋友吗？"庄丽的神情和语气勃然凌厉起来："你是没错，不过要挽回跟丽丽的友情，你想都别想！"就在那一刻，林希醒过来。她立时恢复了一些作为一个治疗师的洞察力，她确认了庄丽对她的敌意。那不是解释能够消除的误解，那也不是交流能够填平的沟壑，那是敌意！她心里一阵剧痛，但她闭嘴了。原来她儿时的伙伴、最早使她知道什么是友谊的人，原来她觉得几生不见仍会相知相惜的人，原来她最信赖的朋友，满心要看的是她自作自受的悲惨结局，谁还要听她的心里话？谁还想和她畅谈呢？！

回程的飞机上，林希头疼、发冷，她病了。她向空服员要了一条毯子裹住自己，迫不及待想逃进无知无觉的睡眠。她昏昏沉沉地睡了，但心却像还醒着。半梦半醒中，她感到一生的累一生的重荷都压在自己身上，她已轻如一片叶薄如一张纸，已然被挤压殆尽！她想，就做那一片叶一张纸吧，就飘落和被丢弃吧，好轻松啊，再不用挣扎了……在这云端之上的昏沉恍惚里，自由联想般，她心中闪过两个场景。她想起一位大学同学，那是当年和她住上下铺的很要好的女伴儿。有一次，就在步行街的拐角处，林希记得清楚，她们逛完街分手前，夕阳的暖光里，那同学对她说:"林希呀,你这个人吧,就是,就老是,风都往这边刮,而你偏要往那边走!"同学一手比喻着风,一手比喻着她,在黄昏的街角处留下一个颇具象征的剪影。此刻那剪影旋转起来,好像同学一边说着那句话一边跳起一支舞。林希又想起多年前的同学聚会,想起一件她至今不解的事情。那是大学同学公认的成功者之一,专业领域里著名的教授,有大把的科研立项和经费,报他博士的人挤破了头。平时斯文的"大咖"那天喝多了酒,所以对并无深交的林希吐了真言:"林希同志,林希同志,我们说说你的问题,你的问题是什么呢?林希同志,你的问题就是你一直在犯错误,包括现在,仍然在犯错误。"他一边说,一边用推完眼镜的右手在胸前画过一条线,似要表现林希犯的错误有多么长和多么持久。这"大咖"的话让林希有些尴尬,也让林希莫名其妙。她当时只觉得那是酒后乱语,但此刻,灵光电闪般,她突然明白了!而且,她现在想,在场的人也都听懂了,不懂的只有一个,就是她自己。是啊,她一直觉得在听从、遵循自己的内心,所以她一直觉得纵然是苦,纵然是失败,但她生活得充实、值得、无悔。但在别人眼中,在现实的逻辑里,从头至尾她可不都是错的?!她明白了!说她明白了,不是说她也觉得自己错了,恰恰相反,像抖落了一身烟尘,她更加清明、确定、安然了。她明白了她跟这世界的关系,就在这云端之上,她好像头一回看清、找准了自己的位置,意象中,她甚至看到自己孤独而坚定地向那个位置走去……她感到一种安适,在这高空里,在病里,她这回真的睡着了。

（三）

一年前，林希着手清理旧时的文字和信件。清理的过程远比她预想的慢，因为当重读那些文字，她像重温自己的生活，像重回故里。那些事，那些人，那些过往……有时林希甚至觉得从中闪出一个陌生的、不认得的自己，或者于陈年旧物中重识了某件珍宝，惊异于那已然错失的光辉。她常常在一篇日记或一封信件里停留，像流连于昔日的某个场景，坐在那半天半天地愣神、追想。她有时会轻笑，有时会摇头，有时会叹息，有时会落泪……啊，当时是那样的吗？那会儿竟还那么做过、那么想过吗？多么冲动啊！多么幼稚啊！多么不管不顾啊！多么痛、多么疯啊……当然也有希望、快乐、坚持、成绩、幸福。她把它们一点一点撕碎、扔掉，像弃毁着生命的存档，也像消灭着失败的铁证。她断断续续地做了两三个月，好像把自己的一部分已先行送走。原来人在这世上的痕迹如此轻易就能被抹掉啊！林希既释然又伤感。但她并未被这虚无击倒，相反，她觉得这实在是一种自我疗愈。林希好像更进入到自身，好像收罗回散落在岁月深处和意识边缘的许多碎片，而那碎片原都是她不可或缺的曾经。她似找回了完整。她的梦也汹涌起来。以往林希总很羡慕能做梦、会做梦的同行，受训和访学期间，甚至为自己没有寓意深刻的梦而羞恼，而着急。但那段日子，她的梦密集、丰富、连贯、清晰、直白，像一个挣脱了枷锁随心所欲的人画的画，那些意象多么大胆多么鲜明啊，那些语言多么原始多么朴素啊。在她已虚弱不堪之际，心灵竟撞开一扇扇门，一意、阔步地向前！林希本打算片纸不留，结果还是没舍得都扔，她挑出一点特别珍爱的，想再存一段。这样，她就能在这最后的日子里，不时地再看一看，读一读。这其中就有薛松的信，尤其二十年前最后的那封信。那信写得多美啊！那信一直温暖着她，但那信也把他们扯断，也似一个疑问和伤痛，让她至今不能释怀。薛松最后的信：

林希：

　　我已经丢掉两页纸了，我准备不斟字酌句地写下去，哪怕不断地写错字。

　　有时候，真的很想你。这样表达你会挑出毛病的。每当我感到孤单和脆弱时，或者扔了太多的砖头在干草堆上却听不到一丝声音时，我就想向你暴露我的脆弱，就急急地向幽深的水井里掷一枚硬币，等待着聆听那遥远的清脆的不可能听不到的回响。而更多时候，我大概在满心欢喜地做那些在上帝看来无益而且可笑的事，并且忘了分辨干草堆和水井。这有点自私，所以不算是执着和凝重。所以我从来不敢思考什么是爱的问题。

　　我说得太枯燥了，而且没有意义。我们想想过去吧。我好像对你讲过我小时候的感觉。你和庄丽，你们俩都是我们的偶像，那是一种聪慧、清秀、新鲜的女孩形象，也只有女孩子才会给这个世界带来那么美好的感觉。我说的这个世界当然是我眼中的世界。在七十年代的那段日子里，最幸福的时光，就是同你坐在一起的几个星期（一两个月）以及更加短暂的几个瞬间。对于庄丽，我好像是单纯地崇拜，对于你，好像一开始就注入了温情的成分。可那种温情似乎永无外化和实现的可能。八〇年、八一年，不，更可能是七九年的一些日子，我在明阳路的这一头见你走过来，局促中感到了梦的遥远。当八二年夏天，我们几个一起坐在江北的沙滩上时，我幸福的感觉同七四年或七五年在肖革家遇见你们俩时一样。当然，仍然是在做梦，仍然感觉遥远。

二〇〇〇年在江边的散步很美（去年在安定医院有点紧张）。很想声称去 S 城或者 L 城，然后回去看看你，但又害怕一下火车就被你赶回来，你不会那样做吧？其实，这些年（尤其是我在 B 大读研时）我对你说的那些话中至少有一半是在努力掩饰一个简单的事实：我总感觉到你女人的一面，并继续做着幸福的梦。同少年时相比，你近得一伸手就能触摸到。尽管事实上不这么容易。

晚上，听到你的声音感觉很幸福。如果一拿起电话就能听到你的声音你又一点儿都不烦就好了。

早点读到它们吧。它们特别的形而下！

祝好！

薛松　2002 年 9 月 15 日

林希和薛松通过很多信，尤其是薛松在 B 大哲学系读硕士期间，他们通信最为频繁。那时，薛松醉心于尼采和海德格尔，无论课上课下，经常心潮澎湃。他在那个沉思的理性世界中畅游，禁不住要跟林希分享。林希清楚地记得一封信，那是薛松在一位心仪教授讲课后的所为，那信正斜穿插横竖不一地写满了他的感想，好几页纸。左半边正着写，右半边斜着写，正面横着写，背面竖着写，既没有页码，也没有标序，就那么装进信封给林希寄来了。林希拆信后笑了，她一点不觉得惊奇，她了解薛松的率性，她翻过来掉过去地看着，虽然信中涉及的哲学概念和理论她不全懂，但她领会了那些思想和思想者带给他的激动。她甚至能想象出他出了教学楼骑上单车飞身而去的样子，好像不是奔向食堂，而是奔向莽原，奔向天际，奔向随便哪个能任他一泄激情的地方。旁人并看不出什么，薛松的激动大都不露声色，就像他会突然从西藏给她寄来一册漂亮的风景画，没有一个字的说明；就像他和旅伴在长途骑行中，不时从某地寄给她一张极具标志性的明信片或风景照。

　　但这封信显然与之前所有的信都不同！那时林希已转至教学岗，她上完课从系办取了信，拆看后的第一反应是无措，当然也有温暖，但不知为什么，那温暖里裹着太多酸楚，走在校园里，她直想哭出来。她赶紧把信放进背包，怕被谁看透了心思。她急急地出了校门，来到大街上，又把信拿出来重读一遍，之后心情恍惚地走进下班的人流中。连上三节课的林希疲惫不堪，但她此刻不想坐车，就那么失神地走着，手里捏着信，好像不知道要如何安置它，也不知道要如何安置自己。林希一时心乱如麻。头一回，薛松的信带给她一种突兀而遥远的陌生感，像是来自她早已远离的一个世界。那世界应该也蛮好，其实也蛮好，只是林希觉得那不属于自己。并且在不容喘息的生活中，在经年的苦斗里，她已将那个世界遗忘。这感觉真有点像一个出狱多年的犯人又莫名地接到了传唤，心头好不复杂和迷离。这信还让她感到一缕孤寂，好像他们本来说好的事，本来信守着一个约定一份默契，而他突然改了主意，变了卦，爽了约，把她独自扔在了半道儿。可是，他为什么要变卦呢？！林希涌起一股对薛松的埋怨，这埋怨像从乱麻中好不容易露出的一个线头，她于是紧抓住不放。这埋怨帮助她理解了一些当下，似也于朦胧中使她了然了很多过去。这埋怨慢慢平复了她纷乱的心绪。

　　街灯亮起来。林希不知不觉已走过了好几站地，已来到了步行街。这里离家很近了，但她仍不想回去。她把信重新折好放进包里，在路边的长椅上坐下。这是这个城市最美最浪漫的一条街。她，庄丽，薛松，他们都在这附近长大，他们的小学校就在不远的一条竖巷里。这时她看到街对面的那家麦当劳，她记起二〇〇〇年薛松那次回来，他们还在那吃了东西。薛松那时做律师，很忙，那晚他叫她出来时已经快十点了。他第二天早晨就走，但又想见她一面。他为她点了苹果派，她没吃过，问是什么，他说其实就是外国馅饼，只不过里面包的是水果，他们很开心地笑。吃完东西她又陪他去看住过的大杂院，据说那一片很快要拆迁。院子里漆黑静寂，她跟着他小心翼翼地穿过低矮破败的仓房，来到从前的家门前。房子空着，父亲去世后他把母亲接到了北京。他大学毕业后就是在这里结的婚生的子,那时他在晨报做记者,当他再去读研时,常丽带着儿子跟公婆又在这住了好几年,直到他留在北京做了律师。林希还记得薛松结婚那天她和庄丽来得最早,她们到时他竟然还没起床,这情节后来一直是他们小圈子里的笑料。林希小声说:"唉,好可惜,才子薛松的故居应该保留。"他们就又在黑暗里吃吃地笑。已经午夜了,但他们还是去了江边。不知从什么时候起,在江边走走,似乎成了他们友情中的一个仪式。那是个安谧的夏夜,江边空无一人。镶嵌在栏杆上的欧式堤灯射出柔和的光,江面上的微风使江水发出极细的声响,临水的空气里有一丝沁人心脾的清凉。他们对着江水站了一会儿,然后薛松微笑着弯起左臂看向她,林希就也会心一笑,极自然地轻轻挽起他,沿着夜的江边走去。

当林希这样回想时,她整个人都感到柔和起来,心也真正地温暖起来。她想起当年他们那一小帮。小学时庄丽是班长,她是学委,班主任把很多事都交给她们俩。庄丽那时就显露出非凡的组织能力,所以排练节目啦,分配扫除任务啦,都由庄丽负责。而写批判稿啦(那年月无论哪里都经常开"批判会"),出板报啦,代表班级参加儿歌比赛啦,则多由林希来做。因为两人要好,所以无论干什么,总在一起。薛松说的在肖革家遇见她们,想来就是老师派去"巡视"课后学习小组的。小学那个班只有四人上了大学,两个女孩是林希和庄丽,两个男孩是薛松和李伟。在当时崇尚数理化的风潮里,除薛松学了中文,其他三个人都学了理工。林希学了自动控制,庄丽学了化学,李伟学了建筑。所以在他们中间薛松似乎成了思想、精神、文学甚至浪漫的化身。那么,是因为这个吗?林希更愿意与薛松交流?林希那颗热爱文学的心简直觉得薛松的大学才是真正的圣殿。而且,薛松本人也让她惊异,李伟一直学习好守纪律,可薛松小时是地道的淘气鬼啊,怎么几年工夫,竟魔幻般地变成一个敏感、温雅、彬彬有礼的青年?!那真是生命里的好时段,他们每个人都献出自己的快乐和诚挚,聚在一起,交谈、辩论、野餐、开派对。肖革虽然没上大学,但他是薛松的朋友,所以肖革也参加进来;林希高中的闺蜜孙杰也参加进来,庄丽大学的室友张妍也参加进来;李伟交了个游泳运动员的女朋友,那女孩真是漂亮得不行,李伟把漂亮的女友也带来;大学二年级时,薛松把常丽也带来,林希把男友也带来……那真是蔚为壮观的一小帮!庄丽歌唱得好,常丽舞跳得好,她们两个都才貌俱佳,光彩照人,经常配合着一展风姿,大家就叫她们"双丽组合"……后来庄丽和薛松去了北京,李伟和肖革去了日本,孙杰去了加拿大,张妍去了美国。只有林希没走出去,并且离了婚,没有孩子。

那蔚为壮观的一小帮,像礼花一样在林希的忆想中盛开又寂灭。林希眯起眼,像看那昔日的光焰,也像要细察她和薛松的友情。当然,他们的友情也在这光焰之中,但似乎又不止于这光焰,超出这光焰,在这光焰之上。这倒不是说在大家相聚之外他们还会单约(这样的时候很少),林希觉得她和薛松的亲密与时间和形式都关联不大。那是内在的投契,或者就是他们的性情,是一种模糊不清又准确无误只可意会不可言传的感觉。薛松喜欢表达，常在小圈子里即兴演说，大家都赞叹他的才华，却也不甚在意，时不时还引为笑谈。只有林希是最虔诚最忠实的听众。林希觉得薛松的话特别有质地，特别有魅力，总能直抵她的内心，并能使她的心从现实的桎梏中飞升起来，林希觉得薛松的话满含着她一意爱恋一心向往的东西。所以她一见到薛松，就像个小学生似的，总想问他点什么，要是一时想不出问题，她就会提议"让薛松说说"。而薛松也愿意跟林希讲，大家就戏称薛松是林希的心灵导师。有时大家要散了，但他俩还未谈完，这时就由薛松送林希回去，以便再多走一段，多说一会儿。有那么两次，他们索性中途走进路边的小酒馆里，重新坐下来忘了时间地畅谈。林希和薛松的这种投合从不避人，甚至不避双方的恋人，他们心思纯净，坦荡磊落，那真是一种年轻的高贵！每当他们这样时，大家就像对着两个处在梦境中的有点迷糊的人，就都宽容地半理解半迁就地说："让他们上文学课吧。"薛松是个唯美的人，而年轻时的林希顶多算得上清秀，林希觉得自己无论在小圈子里还是人群中，都毫不起眼，而且由于她的病弱，还老是显出憔悴的样子。但薛松却经常赞美她："林希的神情美！"这话林希记了一辈子，它让林希觉得薛松看到了那个别人不曾认识和知道的她，还有他对她的理解。林希有些惊异于他对她的理解，因为他们虽看似谈了很多，但涉及实际生活却很少。他们会谈谈职业计划和工作事务，但绝不谈具体的生活烦忧，更不谈各自的情感。也许这是他们本能的默契和一种心照不宣的努力吧，以为只有这样才能护卫好他们的友情。他眼见她失恋、离婚，从未表现出惊讶，更未表现出蔑斥，好像他完全懂得这对她是极自然的事，好像他明白她所有的决定。有一阵朋友们都劝她复婚，并且他们让薛松去说服她，说心灵导师的话会更起作用。林希记得清楚，也是在夏夜的江边。她问："你真的也要来劝我吗？跟他们一样？"薛松看起来有点沉重，不过他很确定地摇摇头："怎么会?!"他似乎轻叹了一声，接着说："复合的话生活上的困难肯定会少，可你的心不还是会受不了吗？那也许对别人是行的，但是你行吗？你恐怕不行！"这是好久以来她听到的唯一知心的话语，林希一下子哭出来。就在那时，第一次，薛松让她挽住他。林希记得她迟疑和犹豫了一下："这样是不是不太好？这不符合礼仪吧？"薛松现出点小时的顽皮相，他笑着说："符合西洋礼仪。"他那副样子就像是邀请她一起逃学，她即刻破涕为笑了。她感到他是那么真诚地想安慰她，她于是挽住他。从那之后，相挽着走一走，便也成了他们的一种习惯。

如果要用一幅画来表现他们的友情，林希所能想到的就是他们的挽臂而行。如果可以再有一幅，那就是他们在小酒馆里相谈对饮了，薛松喝白酒，她喝啤酒。就是这两个画面了！之后的很多年，这两幅画一直生动鲜明地刻在林希心里，成为能表征他们情感关系的意象。并且，在一生的叩问、探寻和回视中，林希也于这年轻的真挚里，不断获得了新的解读，或也可称为新的叙事。那新的解读新的叙事更为成熟，更为开阔，更为接近真相，从而更现出生命的意义感。所以林希很感谢薛松，她觉得是薛松的存在，是薛松与她的交往和互动，才使她那核心的内在得以一些外化，才使那个真正的她能有一些表现，能有一些绽放。临床心理学中有理论说自体与客体成对出现，林希觉得薛松就是那个映照、支持和回应了她的客体！或许她也映照、支持和回应了他，就像他在信中说的，她是能使他听到回响的幽深的水井。她终于明白了他对她的意义，也明白了她对他的意义，她明白了他们之间的"情"！不过这是后话了。当晚坐在步行街边的林希，还只能感性、具象、困惑地在回忆中犹疑和徘徊。

几天之后，林希给薛松回了信。她首先感谢了薛松，感谢他多年以来的这份真情（不管是什么情），她说一个四十岁的女人收到童年异性伙伴这样的信，无论如何都是幸福的。接下来她很确定地说他们之间不是爱情，她不认为他爱她，她说那是他打从童年就有的一个梦，他不过是把那梦的光晕错冠给她，而她只是一个"跳着舞过黯淡的日子"的人（她借用了狄金森的这句诗，并且头一次隐晦地向他诉了苦）。但她说，她十分尊重有梦的人，尤其是有梦的男人，她一直相信那句话——"梦比真实更真实"，她说他仍能执着于自己的梦想，并仍有诉说的热情，这让她充满敬意，让她感动。她说在她心里，他是她最好的朋友，永远的朋友。她不让他回来看她，她重复道，那个梦没她什么事，那个梦属于他自己。她还告诉他，他的友情和他的这封信会温暖她一生。当把信丢进邮筒的时候，林希流了眼泪。她想起薛松的一句话，有好几次薛松都说："唉，细算算，其实最好的朋友一辈子也见不了几回！"以前听他这么说，她从未在意。而此时，这话，像他早就知道的预言，忧伤地漫进她的心。不错，他们此后再没联系了。

（四）

　　林希完成了要写的东西，她请乔祎先看看，想听听乔祎的意见。乔祎也是一个年轻咨询师，但不是林希的学生。林希是几年前在一个社会心理机构认识的乔祎，林希去做一个小型讲座，乔祎负责筹备和给林希做临时助手。真是冥冥中的安排，就那么短暂的接触，她们于人群中认出了彼此，相互欣赏，相互吸引，之后自然而然地成了忘年交。乔祎喜欢林希那种温和的尖锐。她觉得林希是真正对来访者、对精神世界有兴趣的人，这种兴趣发自本心，发自性情，所以林希真实，没有惯常的专业面具。乔祎甚至喜欢林希那股傻气，她把林希的执拗看成求真的勇敢，把林希的不世故看成可贵的单纯。林希喜欢乔祎的和缓细致，与当下的年轻人比，乔祎显得有点慢，乔祎自己知道这慢，但丝毫不急。乔祎不是什么都有的富二代官二代，她一切都得靠自己，所以乔祎这慢就让林希由衷感佩。这从容的慢让林希感受到乔祎内在的安稳和丰盈，她觉得乔祎有种天然的通透，能认真对待自己并独立做出选择。林希看惯了现实中冲劲十足的年轻人，那副志在必得的样子多么让人惊惧。那是一群盲目的速跑者，被所谓的目标夺了魂魄，无论眼里还是心里，都无任何风景可言。而乔祎却是那个肯在路边停留一下，环顾一下，思考一下的人。所以林希老说乔祎有潜质，是个天生的好治疗师。乔祎认为林希的笔记很有价值。乔祎说只是读过这些文字，内心里的很多东西就已经被共情到了。她认为这些文字最大的魅力在于求真和开放，她说她似能感到林希的用意，那不是想要教导，而是想要分享。乔祎说她看到了一个满怀热忱的资深治疗师与理论的对话，这让她激动和振奋，让她确认我们其实是需要与理论对话的，我们需要与那些理论和理论的创建者对话，也可以与之对话。从前当有了疑问，自己最多的反应是觉得学习不够，转而按下切身感想去寻找别的解说，但看了林希的笔记，她在想，真正的学习和真正的工作都必须要有对话，必须让那个不受压制的自我参加进来，这样理论和现实才能对接，咨询师和来访者才能有真实的不被限制的互动。乔祎说她还看到了林希始终如一的努力，就是时时不忘来访者的具体处境，不忘追问、探究什么是真正的爱和帮助，不忘操作层面之上的哲学观照。乔祎说其中的好几篇，她都是流着泪读完的。乔祎对林希的解读也让林希泪目，不仅是乔祎准确的理解使她欣慰和感动，还有，这多么难得啊！作为一个年轻治疗师，乔祎那深邃独具的专业眼光再次令林希叹服。林希知道自己无力做什么了，她把后续的事都托付给了乔祎。林希想，即使不能出版，把这些文字留给乔祎，她也算有了一个交代。

还有一件事，林希想拜托乔祎。林希听了安德烈·艾西蒙的小说《请以你的名字呼唤我》，内心极为触动，很多天都沉浸其中不能自已。她是个坚定的异性恋者，所以拨她心弦动她衷肠的并不是那同性之间的性爱，当然那青春的帅气和勃发也令她欣愉，但打动她最多的是他们之间大于性爱超于性爱的东西，是两个存在的相遇、相知和交融。那由喜爱、倾慕所引发的渴念多么强烈多么不可遏制啊——我要亲近你，我要了解你，我要告诉你，我要对你敞开，我要跟你在一起，我要成为你……这样交融过后，我生命里就总有你的那个吻，阳台上就总有你的那双眼睛总有你对我的注视。这作品无疑有着丰富、深刻的象征和寓意，林希说不出来那都是什么，又分明知道那都是什么。林希觉得那是越过了语言在语言之外的一种通晓，是的，不需要说明，不需要介绍，她毫不陌生，她认识这些东西，那正是她生命之初的影像和情感，是她心魂里扑不灭的最强劲的讯息。就是这些东西一直鼓动着她，折磨着她，也光彩着她呀。她几乎想说，在这书里她再次遇见了自己。闪过这想法时她简直被自己吓了一跳——这异域的两个青年与她有什么关系呢?!但，不，不，她知道，在一个看不见的地方，在最本质的层面，她真的和他们在一起。她又在网上找来电影看，觉得电影拍得也不错，演员选得也很好，没有丢失原著的核心及韵致。看完电影她又回过头听了一遍小说，再去欣赏那真，那美，那痛，那忧伤……再去体味那勃动，那探问，那凝视，那交付，那力量……也再度回视自己的人生……电影结尾的处理是奥利弗打来电话说自己要结婚了，埃利奥在这突如其来的失去和痛苦中，与他们的恋情洒泪作别。这无可避免的分离让少年伤心欲绝，但这伤痛里也留有永不磨灭永不褪色的甘美。电影就在这里结束了，烘托出唯美伤感的艺术氛围。但原著中还有后续，也正是这个后续让林希感叹不已。十五年后他们相见时，埃利奥告诉奥利弗："当我死去时，你是这个世界上我唯一想与之告别的人。"这是怎样深刻的情感怎样紧密的连接啊!这得是热烈、真切到使人感觉活过一回的情感和相遇!这种情感无论占有多么少量的时空,都会镂骨铭心辉耀一生。林希又想起薛松"最好的朋友一辈子也见不了几回"的话。林希想,这就是生活啊!这书和电影真是赚取了她大把的眼泪,极度的感怀甚至加重了心脏的不适,但她的精神却像受了洗礼一般,感到少有的舒悦和清明。林希生出一种统觉性的领悟,似乎理解了她和薛松的一切。对于那二十年来藏于内心的失落,也有了释怀感。没有什么要遗憾的,也许一切都恰恰好,这就是生活本来的面目!她理解了薛松,也理解了自己。她想他们都没有能力去继续什么,有些事没办法处理好。他们都受到局限,这局限有他们各自的,有时代的,有文化的,也有生活本身的。当这样想着的时候,林希就很想念她的朋友。她想念薛松,她真想能再跟他谈谈,谈谈这书,谈谈这电影,或随便谈点什么,或什么也不谈,就只是相挽着,像年轻时那样,在江边安静地走走。不过她相信,他比她聪明那么多,那么有才华,他一定早明白了这些!林希想拜托乔祎的是,在自己走后,代她向薛松告个别。林希觉得只有乔祎能理解她这些心思和情感。如果说荷花是那个肯容忍她做梦的人,乔祎就是懂得她的梦跟她一起做梦的人。

　　林希给乔祎打电话,让乔祎在休息日带她兜个风。乔祎问林希想去哪儿,林希说就去江北的湿地公园吧。林希喜欢坐乔祎的车,只有坐乔祎的车她才像与自己在一起一样自在,不用客套,不用维持交谈,可以望向窗外,沉浸于任何一种心绪。这里冬天没什么人,刚下过雪,未被踩踏的雪地安谧洁净。乔祎把车开出很远,停在一处弯道旁,她们置身于一片银白之中。林希给乔祎讲了她和薛松的故事。林希拿出一沓信给乔祎,林希说:"这都是他的信,我本想在最后的时候毁掉,现在改了主意。如果书能出版,你就把这些信和书一起送他,我想重读这些文字,他也会感受到回忆的快乐吧。如果书出不了,也打印一份纸质版的送他。"乔祎一边流泪,一边点头。林希发觉乔祎在哭,就停下来,有些过意不去地伸手去拍她的头。林希看向乔祎,乔祎浓黑微卷的头发随意披散着,在奶白色羽绒衣的肩头有种油画般的堆簇感。她的漂亮毫无凌人之势,她的漂亮与她的善感、纯粹和温暖浑然一体,让她的美有种直抵人心的明媚。平复了一下后,乔祎问:"我要怎么对他说?"林希说:"就说我想与他告个别,告诉他,我一直很努力,一生都没有停止和放弃过努力。"乔祎又问:"就这两句吗?不要留一封信吗?"林希说:"对,就这两句。他听了就全懂了!"说完林希又想了想,像要再确认一下自己,也再给乔祎一点说明:"哦,我写不出他那么美的信,所以干脆不写了。告诉他我的努力,是不想让他失望。"林希接下来的话有点像独白,她的声音低下去,像沉入到梦呓里:"为什么不想让他失望呢?因为我们是同伴啊!是同路人,是同行者……其实我们之所以亲密,就因为他感兴趣的我也感兴趣,我爱的他也爱……年轻时我什么都问他,好像他什么都该懂,其实那些问题他也是回答不了的,我现在想,不仅他回答不了,那些问题谁都回答不了。而且我要的也不是什么回答吧,让我们感到紧密和快乐的不正是我们一同的询问吗?!我们一起时,可能都觉得离自己的那个世界更近一些,也离真正的自己更近一些吧……我甚至觉得,在我们同行的那个世界里,其实我们从未分离……我经常在心里跟他说话,我想,他都听到了吧……"乔祎不想打断不忍打断林希的冥思,但终于还是问道:"您没想过要见一面吗?"这就是乔祎,任何关键都躲不过她,跟乔祎的交流总能走进探索的深径。乔祎的话于是唤醒了林希,把她拉回现实,并把她拉向那故事的另一面。"是啊,这是个好问题!"林希坐直了一些,像要振作一下自己,也像要聚集一点力量。她转头看着乔祎,没有躲闪地说:"是一种畏惧吧!当然我也是畏惧的,过了这么多年,他也可能完全变了呀。所以我说书中那两个年轻人勇敢啊,他们十五年后二十年后还能相见,他们有多强健的心灵!他们敢快乐,也敢痛苦,他们有赤子之心啊!"林希顿了顿,又说:"即使他没变,可那些限制都还在呀,不是吗?!"乔祎的脸上闪过疑问,林希领会了那疑问,解释道:"哦,不,不是通常意义上的限制。我说过了,我们之间不是爱情。但我们也的确亲密,可能这亲密就要受到限制吧?!或者,我们自己也没有能力做好吧!这里是有文化的差异,但我想还有别的更复杂的东西吧。"林希说这些时,乔祎很认真地在听,此刻她见林希脸上现出一抹憔悴柔和的笑意,那笑微弱到不易察觉,透着一种深情的和解。林希最后补充说:"向他告别,其实是我想对自己好些,是我想认真对待自己。我们不再年轻了,对惊喜和浪漫那套已没了兴趣。我只是觉得这真是我的一个心愿,所以我想遂了这个心愿。"

林希再次看向乔祎，她想确知乔祎是否明白了她和这整件事。乔祎迎住林希的目光，笃定地承诺道："我知道了，都明白了，放心吧。"乔祎看出林希很累了，就说："我们回去吧。"林希说："好，回去吧。"

2023 年 3 月

那时年轻

（一）

你说你丢开了喜欢你的女孩你说你喜欢我

你说她太平俗太不思索与她没有话说

虽然我惶惑但终于伴你走一条幽静的小路

于是我倾听你我是你谈话的好对手

可后来有一天你忽然说你好累好累

你说看我戴着眼镜心里就感到沉重

你说人还是该活得轻快明朗

你称赞起她来了

你说她看太阳下的白雪都不闪眼睛

就这么自然你与我"拜拜"再去找她

你预感到我似乎没有什么"明朗"的希望

（二）

你忘记了你昨天对我的允诺

伴着一首很好听的歌叫作《心灵之约》

不知道我听信了你的话是受了你的欺骗

还是你说出那样的话是受了歌的感染

（三）

迎住我的眼睛别怕我信托你别推拒我

不要吝啬你的温柔不要责怪我软弱

这一刻你就做风儿吹干我的泪水吹拂我的头发

轻风过去一切平复将不会增添任何

（四）

我并不为即将死去而难过

亲爱的　我所遗憾的是

当明天太阳升起

你来到这芳草地的时候

却不能在露珠里看到一点我的影子

（五）

你捧来的玫瑰

已不能点燃我剩下的日子

因为我等得太久了啊

已在这等待中展尽了全部生命

是的亲爱的已经太晚太晚

已不能与你同行

但是我满足觉得往日值得

晓风中我唱歌送你

不要踌躇我的男子汉

你已带走我的心

而那蓝天白云碧草

全都是我的爱情

（六）

不知道我心湖深阔

你投一粒石子没有激起满意的浪花

于是骄矜地走

留下背影

留下你的这个问询我却珍藏

（七）

你问我最喜欢哪一首歌

这我不能够告诉你

这是个秘密我不想说

否则你会知道我心的频率

（八）

你说你初初结识我

这衣裙在街上飘荡得好别致

我就想如果在 A 城

你未见得爱我了

那里穿这衣服的人很多很多

一点没有稀奇

（九）

面对莹莹晨露

我能说些什么？

它是芳草长夜相思的心泪

我什么也不能说

这个阴沉的清早

因为太阳有一些爱情挫折

而风之提问也过于高深

——为什么你不在旁侧？

（十）

回想

那些最热烈的日子

真好似夏季的扇

都已经收折了起来

1989 年 12 月—1990 年 1 月

弱者也可以表达

悟

聚是云霞满天
散是落红缤纷
哭也没有缘由
笑也没有理论

对了没有为什么
我不问再不问

1990 年 2 月

赴约

无人注意的时候
我也曾停下过很多回
轻想
难道这真有什么意义吗

而旋即
却又在
每一缕晨光与
每一寸暮色中
迈动起步子

就好像真有什么人在前面等待
好像若不是这样
就会违约

1990 年 4 月

弱者也可以表达

可　以

可以让雨滴作为水晶
可以让雷作为音响
可以让狂风中挣扎的树
　　作为一幅雄浑壁画
可以让哀衰的芦苇
　　作为秋的写生

可以让夜空作为落地的长窗
可以让往事作为幽曲的回廊
可以让所有的失败昂首走上书橱
可以让未谢的爱情继续延长诗行

可以让等待作为调好的竖琴
可以让眼泪作为露珠的对仗
可以让死亡作为天国的散步
可以让厄运作为生命的情节

可以让粉碎作为对辉煌的记载

可以让遗憾作为对完美的歉意

可以让偶然作为规则的钻戒

可以让苦难作为菩提树的佛光

哦　可以……

　　真的可以……

1990 年 6 月

弱者也可以表达

女 人 图

晴和的好天

我喜欢拣一处静谧的户外

在一种与你有关的心情里

挑起一根闪烁阳光

再抽一线绵柔思绪

微微埋下头

配合着

细细编织

1990 年 9 月

云 和 天

云依着天的胸膛
倾吐着丝丝缕缕的爱

天由于阔大由于刚阳
忽略了很多云的细数

风又不肯帮忙
蓝空里尽是白色的无法拾起的情怀

……

云以恬然替代了忧伤
而天却终于完全明白

于是黑夜撞击的电光中

弱者也可以表达

雷庄严宣布了理解
雨恣意流泻了畅快

从此
世界变得恢宏起来

从此
世界变得精致起来

从此
一个恢宏的世界和一个精致的世界
拥结了起来

1990 年 9 月

无 题

你说　我撕毁的照片
　　　你又仔细粘对

不过我的静沉
　　我的静沉
使你有些吃惊了吧

是的这一次
没有你预期的感动

我并且浅笑了
反问　那么你撕碎的我的心呢？
　　　又怎么办？

之后穿过马路

弱者也可以表达

穿过你错愕的神情

若你　终于能够懂得
我的轻言会成为尖尖的矛
将你的虚伪刺痛

若你　终于也无法懂得
就算把昨日的灰烬
就算把昨日的灰烬
坦然地撒进风中

1990 年 10 月

泪　花

泪水不只模糊了世界
泪水也将世界洗净

而"泪花"更是精智的称谓
我不禁赞叹：
是谁最先有了这样的体会
是谁最先让芳洁美丽的心

　　　　开放在眼中

　　　　　　　　1991 年 1 月

弱者也可以表达

夜　歌

　　　　　萨克斯抖颤的乐声
　　　　是飘零微醺的歌者
　　　　　　步履倾斜
　　　　　　在都市夜的街道上　游荡

　　　　流光里车与人
　　　　更为陌然更为熙攘

　　　　天空似一口倒扣的铁锅
　　　　月与星都已去到幽远的需要守护的梦乡

　　　　我本应该　我本应该随了星月启程

　　　　呵　这样的夜晚
　　　　我本应该　我本应该是那月亮地里

布衣布裤的女子

*　　*　　*

好在　小提琴上最深情的一根弦

没有奏响

1991 年 1 月

弱者也可以表达

一个人的旅程

写下来吧,写下来吧
并没有什么人要看

唱出来吧,唱出来吧
并没有什么人在听

弹琴吧,弹吧,弹吧
让旋律随意尽情
跳舞吧,跳吧,跳吧
让长发飘散如风

爱人啊,啊,爱人!我多想与你同欢
友人啊,啊,友人!我多想与你共饮

但是,当我一个人赶路的时候

当我一个人的时候呀

我也不能辜负这美丽的行程

1993 年 7 月

弱者也可以表达

友　人

吹过了多少
季节的狂风
记忆里
唯独你的身影
没有凋零

我是不敢呼唤你的
就像怕震落枝头
仅存的一点绿色

这使我想起那个故事
想起病中的少女
对于一片叶子的
盲目信念

那么

没有凋零的
是你的身影吗？
还是我的梦？

啊，朋友啊
亲爱的朋友
我无法分清

也许只因为
你走进了
我生命中最最
年轻的日子

而那些日子
那些日子哟
永远不会凋零

1993 年 7 月

一种心情

（一）

没有一件
适于任何场景的衣裳
没有一页
拨动所有心弦的乐章

总有一个
不可碰触的话题
总有一段
不能尽诉的衷肠

在一切的变幻与无奈当中
在一切的安排与意料之外

我们所能决定的

也只是一种如何对待的

　　　　　心情

（二）

曾经无数次梦想

如果你能明白

而当终于可以开口

却没有讲准备了千百次的话语

只将过往的一切回视一遍

然后用轻轻浅浅的笑

抚平心底的涟漪

请你

不要怀疑我的从容

因为那实在只是我的一个拥有

并且十分简单

（三）

你总也有一些

疲累或者
黯然的时候吧

所以我想

假如能在夏夜
挽着你的手臂
走上桥头
与风一起
说些轻轻的话语

假如能在秋日
撑起一把雨伞
远离烟华
伴你一同
踩踏心底的忧郁

假如……
那将是我很大的幸福

（四）

再好的现实也含痛楚

不要解释
便是给我
万千种
梦的题材

你可以
用一个微笑来代替
这样
我就能做一些
随意的捕捉

就能

做一只小鸟
没有压抑地鸣唱
做一朵小花
没有旁顾地开放

拥有你
我愿以不知为代价

（五）

目光
不能邮寄

我依然得借助
蹩脚的文字
而它们
无论怎样
排列与组合
终是不能
贴切我的心意

（六）

你将霞的光晕
敷上我的脸腮

使我想穿起
少女的红裙
变黄昏苍白的散步
为同你纵情舞蹈

醉进残阳血色……

而未醒的明晨
我憔悴的梦旁
已有沁凉的露水
把不堪的一切

先来打湿

（七）

当千帆过尽
其实一切都没有结束

至此只是明白
在起初的一刻
就已穿起
神话中的魔鞋

没有什么可以选择
唯有忘记对终止的盼望
旋转飞舞进每一方空间

以奔扑的心
收藏所有秘密的感受

（八）

遍野盛开的小花没有名字
可是因为有不能述说的心？

数不清细致精美的重复
连成艳阳下无边的痴情灿烂

我采回一束放在你案头
淡淡的没有讲心中的感动

其实以往的岁月
每个日子都是这样一朵

眼前的几枝
不过像散碎的诗句

是我心的标本

（九）

我一直期待
这样一个夜晚

当路灯是夜幕下
情人的眼睛
当树随风浅唱
斑驳闪动
当幽蓝的天空和乳黄的圆月
使人想起动画片的剪接

……

当具备这所有的理由

也许你会脱去无隙的原则
给我瞬间的爱柔

而我

将绝不提起

将忘记
将视此为
你仅有的一次
纰漏

（十）

你说你爱真挚的一切
那么当寻索每一个日子

对于那些
写在边角处
我繁复而密集的注释
你能否以同样细致的心
展读？

对于所有
被尘封进岁月的细琐
诸如
风中长久的伫立
诸如
管束不住的
奔去又返转的

脚步……

你是否也能怀着一种善解
一一地
不要遗漏?

(十一)

对你的思慕是永恒的树

你若接受

可在随便哪个春日
看我满目青葱
可在任何一处深秋
拾我片片心语

而你若拒绝

我就让四季的风
每天带走一枚流浪的叶
只留下根
作为不能死心的准备

日出月出……

花落叶落……

（十二）

时间的底片上

如有那么一刻

是和你站在了一起

我则会冲洗出一生契约

忠实履行

所以　那必须没有牵强

我必须不能泄露地等待

直到你欣悦自然地

与我签署

（十三）

清晨

由整个夜晚鼓励的

急于告诉的心

总是被白昼开始的秩序和声势

说服

总是在朝阳里掩饰起叹息

闪身进不容迟疑的人潮

低头走与梦相背的路

（十四）

这是一个不能展开的故事

无论怎样起始

都得在这里停笔

而心　已轩昂不回

我已决定用毕生才华

寻找通行符语

果真永不洞开？

就将无数悬浮题头

做成同一规格的签

夹进你所有书页里

（十五）

霞光消尽
月亮还未升起
这无须争抢的片刻
你会不会淡淡想起我？

当一切变得模糊
所有的神情
均成为背景
渐次褪进时间的幕布

你是否仍能清辨
我心的主题？

（十六）

最初相遇
已为我布置下一生功课

许多年后

我捧来厚厚一摞

没有半点淡泊装饰

活脱脱站回到

讲台前

未经世事的

小小女孩

顶着花蝴蝶交上簿子

万分在意着

你的批阅

（十七）

夏日的午后

在每一丝空气都藏有精灵

的亮丽中

我蓦然读懂了

你的微笑——

就是这蓝天与灿阳铸成

想起你说过"北方的天……"

重温　无数奔跑的梦

相信　一切已镀上你炫然的目光

相信　满怀的白芍花

　　　已交给你旷世的心

那么　不必等到月升了

　　　载泪的舟子

　　　已化作一支金色的矢量

（十八）

我希望

世间的路

会很好修正

我初始的心愿

我希望

通向明日的门

每一扇都能

屏蔽我的平庸

我希望

当最后面对你心版

行将书写

我已把宠杂的构思

提炼成

饱满精美的一笔

（十九）

你是一片辽阔的苍穹

  无论我乘上怎样的列车

  飞驰的画面上

  你都是不动的背景

你是一条遥远的海岸

  无论我张满怎样的红帆

  命运的风

  总将其纳入

  与你平行的航线

  ——你是我动的凝思

  ——你是我静的遐想

你呵

  是我心的坐标轴上

与生命同长的
无缝无隙的恒量

请不要析判甚至
嘲笑我吧
我只是企图
企图以这样一种理解
作为小小的抗争

（二十）

当洒水车最后冲凉过
都市的马路
星　是蓝湖的珠子
全然忘却了盛夏的白昼

如果
如果风　突然吹起
将我的长发
拂向你肩头

我会依凭橘色街灯的泼染
顺势说一些掩护的词句

使得你不要躲闪

微微

挽留一下脚步……

我会用无数次重温织成滤网

漏除所有偶然

会在清晨梳理之际

暗怀感谢

欣喜着从前的某个时刻

几丝秘密导线

曾把我们接通

但是　你若也要回想呢？

可以看成风的玩笑

（二十一）

我曾经愿意

是木棉的花朵

你走近时

我请求了风

缘你的视线飘落

弱者也可以表达

我曾经愿意
是大海的浪峰
在礁岩上撞碎
我洁白的心
使你能
看个真切

我曾经愿意
是天上的浮云
穿遍我所有的彩衣
对你展露
万种风情

我曾经愿意
是一场豪雨
让你久久思注
之后　隔窗
淋湿你的目光

我曾经愿意
是琴上的乐谱
跟随你跳动的手指

与你的激情

合奏

呵　我曾经愿意……

但是　你可知道吗

自从那一天

自从你说了那样一句话

我便只想

成为一株丁香树

并且定要是紫色的

并且定要在园之深处

（二十二）

早晨

太阳将身影

投向我的前方

推翻所有路灯的断语

——太阳为我绘了一幅

　　全新的肖像

晨风中

树叶筛选阳光

做成碎花的长裙

飘动

我　白鸽般轻盈着

仿佛由打曙色里走出

已然是奔流的光量子

——甚至可以称一次美丽吧

于是　心就被这样地决定了下来

于是　当窗棂在地板上

　　　画满夏日的格子

　　　我亮亮填写

　　　清晨的底稿

呵　这明丽的

如果能折叠而封存

如果能邮寄给你

（二十三）

夜风解开白昼的缆绳

月光是唯一的湖水

对于我无改的痴情
星已看得疲乏
不再理会
……

（二十四）

那晨阳真像你的眼睛
以伴随的影标示
使我感觉
整个清早
一径走在你的目光里

那晨阳真像你的眼睛！
我虽然极想
却终于没有回视

（二十五）

如今
逢到有人谈起你

弱者也可以表达

我再不能像从前
飞扬了神色加入

沉默是一把坚固的锁

微笑撑起的帘幕后面
心瓣儿上的泪
滑落成晴空里细纷纷的雨

深深的庭院
深深的庭院

放逐了自己

我只得在永远的流浪中
隔着茫茫野蒿草
悲喜难辨地
回头望去

（二十六）

当疲苦得眼见即会流泪
回头　总可以发现

岁月的拐角处
世界已经多次翻转

但是　并非所有的问题都有回答完了的时候
再怎么睿智潇洒的旅人
也将不舍的行囊一路带至终点

那么　生命中实在也应该有那样的一页

那么　实在也没有什么需要怨叹
　　　孤独的途中
　　　我完全可以换了舒展的心
　　　把对你的一切
　　　视为邀约
　　　视为最深柔最温馨的相伴

（二十七）

有些
你很随意的话语
我却此后一遍一遍想起

有些

早已回答你的问题
我却至今还要搜集证据

不过　辨不清了

辨不清
从哪一刻开始懂得：

如果有谁　在亮灯的窗前徘徊
如果清晨的笑脸
只为一个相似的身影就能打碎
这也没什么不可以理解

如果晚风送来使人驻足的乐声
如果友人吟出浸染暮色的诗句
这也没什么太值得惊奇

（二十八）

请将我的笑声串成一只风铃
当旅途终于有些寂寞
让我温柔清脆地为你歌唱

请将我的期待凝成一条河床

虽然守护你的流走是我永恒的命运

但你湍急的步履透露着蓝色的诱惑

使我也一度暗生梦想

当然　并不是没有想过

如果这也有些过分的话

问题是已经不能通达到平淡

——到化解——到飘洒

恐怕也只有学起从前视为浅薄的行为

在街角处拦住你

翻开我的心页请你签上名字吧

（二十九）

我知道

终有一个时候

你会轻婉对我说："不"

但我不要叹息零落成泥土

如果我不怕陈列我的失败

如果我太爱那个美丽的错误
让它升起为一颗星吧

——忧伤闪烁在永恒的天幕

确有一些无法埋葬的

而往日的真诚足以擎举尊严
更加遥远的守望里
你仰目的一瞬
我仍将不可抗拒地
会同满天繁华
跃入你灿烂的眼中

(三十)

如果把一切都讲述
你会不会以目光做成臂弯
疼痛地将我拥入

如果怕泪水弄湿你的心
我是不是该微笑着折转过身
以走去的背影堵向即要冲决的堤口

但是　你真的能吗？

——当那个时候
　　我终于忍不住

　　别用爱情缩小了我的情感
　　别用爱情夸大了我的要求

（三十一）

如果打开那扇门
你会发现一室自己的肖像
——我挂满四壁的
　　对你的思念

如果真有那种时候
将伴着你
于每幅画前停留
深情擦拭每一段过往的生命

将轻轻问你
是否能辨认出许多年前

弱者也可以表达

我少女时的生涩笔触

然后　继续看过去
然后　就像你早已知道——
　　　我专执的怀想
　　　终日在临摹你的音容
毫无惊奇地转向我
让我感觉
没有一丝讲解的必要

然后　就像每一次不怎样交谈的会面
我用我的凝望
梳理你有些纷乱的鬓发
你用你的沉默

拥抱了我一生的爱情

(三十二)

我的热烈
烘烤着你的目光

那么你的眼波

是默默允许了我吗？

当然　如果你喜欢
我可以藏好所有激情的碎片
乘一叶小舟
微风浅浪地与你
划时间的河

我可以让日间的太阳
漂洗尽炫俗的浓郁
在暮晚
穿起素静的衣裳
淡淡地捧给你
质朴的清芬

也不要去察看心的疤痕
也不要怜惜我憔悴的神色

就让你星斗一样的笑语
　　布满我记忆的天空
就让我花蕾一样的爱恋
　　开放成远处梦幻的渔火

也不要让我们的漫步
　　成为一种度量
也不要让我们的对话
　　成为一种解说

不要让感慨走出心的门槛
当完全可以觉得美好的时候
就让那一轮满月
在彼此的心中
叠盖上两个圆圆的印戳

（三十三）

风吹落了
未被倾听的话语

而今日的我
　今日的我
也没有用稿纸上的格子将它拾起

今日我就任凭着
　　　　任凭着心
流失在枯叶的脚步里

也许　只为清晨读了那样的一首诗吧?!

　　　*　　*　　*

如果　我的生命正平凡如窗外的雨滴
如果　我纵有细沙一样的爱恋
　　　却无法集结成珍珠给你

如果　永生的浪迹只是为了永生的思念
如果　远去的足痕只为在天地间
　　　印满爱你的诗句

如果　盛夏总要在秋的走廊里消退
如果　我所寻找的答案
　　　早已写在你清明的智慧里

还有什么非得要说出来呢?!

　　　*　　*　　*

我想我不用解释
　　　浅静的微笑

>   只是岁月支起的帘幕
> 甚至　甚至就在你的怀里
>   痛哭起来
>   我想也不必准备
>   充分的理由吧

（三十四）

> 最高的星
> 也定要熄落吗

> 其实我本可以　一直　一直不说

> 你已经照亮
> 我太多的夜空
> 你使我蔑视
> 所有的黑暗

> 唉！我哪里就不知道对你谦卑?!

> 但是　即便我的真实触怒了你
>   即便真正的黑夜将因此降临
> 我却

不悔！不悔！

那么　你定要熄落吗

那么　你深深划破我的心吧
　　　让殷殷的伤痕弯成耀眼的彩虹

我将不欲弥合我的创痛
我宁愿永远地滴血完完全全保持
　　　　　我爱情的艳丽

（三十五）

我不是不想做离茎的秋叶
沉落向你温存的手掌

我只是忧惧
怕那样一种成熟
使得我们无法交谈

怕你如松开一只风筝一般
就放逐了我
且以你沧桑的心测度

想我也释然

哦　请原谅我吧
　　实在那金黄
　　并非是我本真的颜色

原谅我在你的面前
又穿进不太合体的绿色的春衣

（三十六）

你是牛顿
而我只是那颗落地的苹果

无觉的我竟启发了伟大的你！

我平凡的存在哟
似乎也因此变得神奇

但是
我不会就认为
我理解了你的智慧

我当然懂得

另有一种很遥远　很遥远的距离

我只有欣幸

欣幸这茫茫时空

竟准备了那样一个点

使得我能与你的目光交接

我只想说

说如果命运可以重复

我愿千百次沉落

　　　　　为你

（三十七）

站在风的船尾

白浪追逐着

鸥群拥随着

我于是想起你

你允许我吗？

将白昼卸下肩胛

午夜的墙

弱者也可以表达

慢慢地你就如
月光下的潮水
丝丝浸入
捧着苦涩而香醇的热茶
停泊的心
仿佛天边那颗小星已落在了
琥珀色的杯底

这样的时候还是很多的
你允许我吗?

但你说
你多次说:喜欢博大

1990 年 2 月—1991 年 4 月

夜　幕

夜幕拉闭
黑暗中的自己是真正的后台

我编导梦
像主宰与支配儿时的玩具

超负的神经
解散的发辫一般　休息

这时　所有的记忆都开放出花朵
　　　所有的伤痕都呈现出意义

这时　所有的表情都是我本来的面目
　　　所有的台词都是我真实的心语

弱者也可以表达

但　我知道　我知道呵
梦想永无上演的日期!

每一个清早　每一个清早呵
我仍要毫无篡改地走近现实的搭档!

　　　　＊　　＊　　＊

在无限的矛盾与重复之中
我所追求的
　　　　我所追求的或许只是

　　　　　自己感动自己

　　　　　　　　　　1997 年 4 月

病

病使心像柳叶儿一样绵柔
病使心有了空闲

病轻　温存得到一点提示
　　　执迷受到一点阻拦
病重　生与死在意志中较量
　　　生与死在意识中交谈

已经生活了多久呵
却从未感觉与世事距离这样远
已经呼吸了多久呵
却从未注意生命就在枕边

总以为还要几世轮回
此时那彼岸竟清晰可辨

弱者也可以表达

呵　呵　病使人有了一些哲学意味
病也是一种人生

1997 年 4 月

方 式

多少年来
我已经习惯

在我的心扉前
你既是一个敲击者
又是一个逃遁者

在我的猜测中
你既是一个纵情者
又是一个矜持者

香茶与醇酒一次次变冷
烛光与目光一次次熄灭

我们总是赴不成

赴不成一个约会

我只有叹息地想
唉，这样吧
这样也好

*   *   *

多少年后
我终于理解

你是一只自由的飞鸟
并且愿我也是
你不想我们彼此焚烧而坠落
你是一棵恣意的茂草
并且愿我也是
你不想我们相互缠绕而枯萎

你只想在穿越过岁月与穹苍之后
我们能叙说与分享
对另一片天空的感受
对另一块土地的思索

你是聪明的
你的聪明使我们成为
永久倾诉的伙伴

我常常赞许地想
这样也好

*　　*　　*

将来有一天
当已靠近那个尽头

我们可以挽臂驻足
披戴着夕阳的碎金回眸世界

可以怀着胜利而清纯的心情
在终生锤炼的成熟里
深深地相视一笑

会意着风儿的轻唱：
这样也好

1997 年 4 月

弱者也可以表达

处　置

你的电话号码

是我心中的一串秘密

不过　我永远半途而废

从未用手指将它完整连起

日复一日

在形形色色的门前

就如攥着一把毫无意义

又不忍丢弃的钥匙

这不免使我有些茫然

最后　我决定用一根热烈的缎带

将它拴挂进我的记忆

当作一个美丽的装点来欣赏吧

好比置身晚会

欣赏一阕并非为自己演奏的乐曲

1997 年 4 月

也　许

也许只为我不想脱掉漂亮的衣服
你才没有看到我美妙的身体

也许只为我不肯放弃华丽的言辞
你才没有走进我朴素的心里

也许过于复杂的变奏
早已湮灭了
草原牧歌般简单动听的主旋律

我想　月光如水
　　　午夜梦回
　　　不知多少个成熟的人儿
　　　要温柔而惆怅地
　　　轻轻自语：

弱者也可以表达

也许真的是这样呵

唉　也许……

1997 年 9 月

听　从

也许　你只是大师手中
　　　那把最普通的小提琴
　　　如泣如歌
　　　全凭演奏者的高明

也许　你竟是庸人手中
　　　那把最名贵的小提琴
　　　终生沉寂
　　　都是命运的捉弄

而我只想对你说：
忘却　忘却自己
　　　忘却舞台
　　　忘却观众

弱者也可以表达

让我们来感受

尘世的无语也许正是天国的绝唱

1997 年 12 月

病　　中

我想拥有一双轻灵的翅膀
它不需要怎样美丽
只要能够飞翔

只要能够不停地飞
飞向天涯
飞向梦

很多年前
朋友说：
去远方
去一个绿草如茵的地方
在那里　想一想
我们疯笑

少年的狂语早已成为中年的奢望

我没有翅膀
却也不想改变对天空的向往
我必须写出美丽的诗句
让它去找寻那片灵魂的舞场

1997 年 12 月

昨日的纱巾

昨日的纱巾

洁白如雪

令人想起少女天鹅般美丽的颈项

　　　　花朵般明媚的笑脸

仿佛陈年的海绵

在注视的挤压下

缓缓流淌出从前

目光于是疼痛　跳得远远

避免　避免提示激情

　　　与记忆的梦想碰面

很久　很久

中年的手还是捧起了它

弱者也可以表达

先是紧紧贴住胸口
后又轻轻送至唇边

哦　用生命真正的温柔
　　亲吻一次往昔的青春
　　泪珠滑落……

昨日的纱巾
洁白如雪
它最终被放在
今生找不到的地方

1997 年 12 月

寂寞是一种邀请

寂寞
那是当然的——
为了等真正的伙伴
我忍受得住

真正的伙伴呵
今生所有的寂寞
都是我对你
最为郑重的邀请

1998 年 1 月

弱者也可以表达

笨　鸟

风对那只最笨的鸟说：
你唱的是些什么呀？
你全都唱错啦！
我走一路没见过你这么糟透的。

鸟儿无奈，
鸟儿在学聪明以前，
还会是这个唱法。

更有一种可能，不幸的可能，
鸟儿永远学不到聪明——
还会是这个唱法，
除非她放弃。

啊,笨拙的鸟儿,

她要怎样选择啊?!

1998 年 2 月

弱者也可以表达

耐　心

即使生命每日
是重复的落叶
我们也要珍爱地
将它拾起

请你相信
遗失任何一片
都会影响一个
独一无二的谜底

1998 年 2 月

如果什么都没有

如果没有爱人温柔相伴
如果没有朋友真心等候

我就用一路歌声撕碎旅途寂寞
在最黯淡的地段
也保持步态优雅

如果没有鲜花插在明净的家中
总之　如果什么都没有
我就用我的美好
打扮荒凉的人生

1998 年 2 月

弱者也可以表达

我把孤寂的时光……

我把孤寂的时光织成美丽的毛衣
除了春的鲜绿，夏的火红
　　秋的金黄，冬的洁白
除了用常年绕起的颜色进行搭配
若再要算上钻石般的星闪
　　　　纱般的月华
若再要算上天鹅绒般的黎明
　　　　锦缎般的晚霞
若再要算上丝般的风……
就有了湖蓝，玫瑰，银灰
等等，更多的点缀

我把孤寂的时光织成美丽的毛衣
并非有意去展示孤寂
我只是认定

孤寂一旦成为命运
则不允许浪费

直到那个早晨
那个早晨
我意外地发觉
内心已结满四季的果实……

啊，朋友，当你来访
我准备拿出我的果实
快乐地
与你分享

1998 年 2 月

弱者也可以表达

窃　喜

直到读了那些书
我才知道我没有错
当然可能——
你也错了
但那样的话
我在这世上
就不会错得太孤独
至少有一个或几个
我的同谋

1998 年 3 月

我们听到了

今天

是一朵红艳的花

在生命的枝头

高挂

这使我们一瞬间

只一瞬间

就共同相信了

那个神话——

呵,不会错的!

在你与我

目光交织而成的

急风里

弱者也可以表达

　　听
　　树叶沙沙

1998 年 3 月

蒙古族姑娘——呼伦贝尔怀想

在我

有一种无法纠正的错觉

总以为　那里

才是我出生的地方

在我

有一个无法破译的情结

总认定　自己

是一个蒙古族姑娘

我爱高山

也爱海洋

但是草原呵！

请让我称你为

我的草原

第一次相见

弱者也可以表达

我一下子就辨认出

我所有的梦境

即刻知道了

再不用去寻找

再不用去比较

今生至此　心已可以

停止流浪

我静静偎在你的怀里

我的血

有一种接通了源头的充盈

我流泪亲吻你的胸膛

我的身体

有一种沐浴了爱情的舒张

呵！草原

我是你失散的女儿吗？

我是你失散的情人吗？

哪一个时空

我们分离的呵？

当初

又是在怎样的匆忙中

你把你的照片

放进了我的背囊

草原和麦田是不一样的
我后来常常说
草原和麦田是不一样的
你只有看了白色的毡房
你只有喝了香醇的奶茶
你只有骑上飞驰的骏马
你只有在晚上
临着篝火
与人们共饮美酒
看姑娘跳舞
听小伙子歌唱
你只有在草原的夜色中
忘记了自己
你才会明白
草原和麦田不一样

而你
听过草原上的马头琴吗?
它的美妙
简直无法描述!
我只能告诉你

弱者也可以表达

就算没有任何

其他标识

单凭马头琴的音色

单凭马头琴的音色

我也能认出草原——

我梦中的故乡

这世上有多少种乐器啊!

这世上有多少种歌唱!

但我只想向马头琴

交出我的灵魂

我愿取尽生命

做成不断的弦

请草原上一流的琴师

把最纯正的快乐和忧伤

演奏给远古的风

我来到草原

心　豁然开朗——

原来我一直是一个借住的人呵!

原来都市

不过是我借住的地方

我几乎找到了所有答案——

我不俏丽的圆圆脸

正适合编起蒙古族姑娘的长辫

我不含蓄的笑声

是草原上阳光撒下的珠串

我不会说谎的眼泪

是草原上青草尖上的清露

我没有遮蔽的内心

是草原上空才有的一片蓝天

他们不懂我的爱情

也没有什么奇怪了

他们不懂我的美丽

也没有什么奇怪了

他们不懂我的追求

也没有什么奇怪了

我已找到我的归属

我找到了

最强悍和

最细柔

接合之处

弱者也可以表达

呵！草原

我肯定是你失散的女儿！

我肯定是你失散的情人！

在我们相认之后

无论　什么时候

无论　什么方式

我走近你

都是一条归乡的路

1998 年 3 月

今天，我想做个自私的人

今天，我想做个自私的人
我不想让地上和桌上的尘土
支使我
我不想让换下的窗帘和被单
摆布我
我不想将我的感受让位给
他人的感受
我不想将我的要求败诉给
他人的要求
哦，熟识的人们
我不想抑制着我的痛苦
来倾听你们的痛苦
哦，多年的朋友
我不想放弃我的安排
来搭乘你们的线路

哦，还有，还有
我的知己
让我今生第一次戒备一下你们吧
第一次，让我在你们的面前
也穿上一件厚厚的衣服

我要不看任何人的脸色
大步地走进阳光里
我要不顾任何人的反对
拼命地摇醒我自己

因为，因为
那温良织成的茧层之中
那软弱构筑的坟墓之中
心正在加速死去

一个彻底的驯服者
总会得到一篇美丽的悼词

但，今天
就在今天
我改变了主意——
为了抢救我的心

我愿失掉所有的赞誉

呵，呵！
如果还不算太晚
如果还来得及
余生
我将只听从一种语言
那就是我的心声

1998 年 3 月

弱者也可以表达

异乡断想

1

你有没有这样的童年:
厌倦了家门前熟悉的树
熟悉的空场
总想着
想着把游戏搬进一个新的天地
想在母亲的视线以外
把橡皮筋拴到远远的栏杆上

2

毕业前夕的那个下午
天气好得不允许抱怨

我身旁的朋友

走在灿阳里的

我身旁的朋友,突然说：

这要是别的城市就好了

别的城市

别的什么人

别的路……

我望向她

吃惊地望向她的惆怅

我们本无特别的快乐

我们本无特别的忧伤

我们只是像以往很多个

这样的时候

静静地在阳光里走

在没有缺失的生活里走

但我即刻承认了

那个下午

仿佛找不出任何理由的

那个下午

我朋友的惆怅

也是我的惆怅

"这要是别的城市就好了
别的城市
别的什么人
别的路……"
朋友,我想告诉你
以后很多很多年
这话
成了一只找不到出口的蜜蜂
在我心中久久鸣响

如此纠缠意识的语言
还是让我把它写下来吧!

3

异乡!

当我们被爱闷得窒息
我们故意躲开温暖的手
到异乡去寻找一份凄凉

当我们对爱感到断肠
我们无奈远离熟悉的心

到异乡去实现一种遗忘

有时,异乡呵
真好似永远来不及去读的
在心中给自己开的一长串书单

异乡是我们每个人的梦想!

4

曾经
怀揣不能再少的钱
身背不能再减的行囊
与友人
像两只轻轻的小泡沫
在异乡的春日里浮游
把潇洒与陶醉
写在年轻的脸上

曾经
孤零地
在头班车还没开通的时刻
站在异乡的冷风中

像没有获得允许的
早到的客人
于一扇紧闭的门外
等待着主人起床
拒绝承认那一丝拘谨
拒绝承认那一丝恐慌
只顾着在心底积攒
一点一滴的沧桑

曾经
以为
有一列车
能够永远让我去乘坐
有一条路
能够永远供我去流浪

5

如今呵
中年的我
已不再那样地向往异乡

异乡，似乎已变成了

隔着国界的，朋友的信
异乡，似乎已变成了
隔着岁月的，早年的梦
……

而在大多病着的时候
异乡似乎就是窗外的世界
又近又远
只能隔着病相望

车轮撞击铁轨的声音
并不是唯一的伴奏
也许我们一生都是
在离去与归来之间辗转
也许我们一生都是
在异乡的路上

1998 年 3 月

弱者也可以表达

收回评判

当我们说
——我不喜欢
或许　是真的不喜欢
或许　是我们不能

每个人都有自己的歌

如果　如果我们懂得
相比天地之遥
梯子的底部与顶部
实在没有多远

如果我们懂得了
面对邻人高大的屋顶
是否该止住内心的慌乱

收回所有的评判吧
值得追求的实在只有自己的歌
黄昏时分
在剔除了尖硬的芒刺之后
歌声终将越过某一界限
达到抒放而柔婉

       1998 年 3 月

弱者也可以表达

没有遗憾的诗无法落到纸上

有很多很多念头
从心上走过
这就是我
想要写诗的时候

有很多很多情感
在心中起伏
这就是我
想要写诗的时候

但
什么样的语言
也没有我的念头奇丽
什么样的语言
也没有我的情感美妙

所以我的诗
竟成了一种遗憾——
像抽掉了生命的照片
像失去了涛声的海图

这使我想起泰戈尔：
"天空没有翅膀的痕迹
而我已飞过"

呵，我已飞过！
　　我已飞过！

没有遗憾的诗无法落到纸上
它是一片又一片
在阳光中跳动的羽毛

记住：
别去逼问上帝的口供
别去复制天使的微笑

1998 年 3 月

弱者也可以表达

我决定爱我的微小

今天是我心里最晴朗的一天
也许这就是生活的意义
晚饭的菜烧得很好吃
也许这就是生活的意义
近来我做的都是细细琐琐的事
这使我
忽而轻盈得有如空气
忽而自然得有如水流
忽而放松得有如沙土
呵，一切都是这样的小！

我很像海上的遇难者
被迫登上了小小的岛屿
我的心在这里得到养息
唉！我也要暗叹——

那帆会怎么想我

那狂涛会怎么说我

那航行的人会怎么鄙夷我

我无法回答他们

我属于微小的一族

我也是很爱伟大的

　　　很爱远方

我也是崇拜英雄的

　　　崇拜悲壮

我也是向往深奥的

　　　向往顶端

为此，作为一只小风筝

我长久地把自己幻想成巨翅飞鸟

我甚至一度

想，就那样飘浮地过完一生

我甚至一度

在清醒之后

还想，毫无意义地走向南墙

也许我们永远无法了解

我们在深处

弱者也可以表达

对生命的热爱

我终于返回
我要去读完一本我能够读懂的
简单的书
我要去做成一件我能够胜任的
平凡的事
我要经由一只斑斓的甲虫
　　　一朵无名的小花
我要经由制一餐食物
　　　写一封家信
我要经由这一切细小
接引我的心
使内心的注视
在我真实的微小处聚焦
而我的微小！
我的微小将是风中的一粒沙
在普照万物的阳光里
闪烁并起舞

我要爱我的微小
我要在所有的时空里
在我与人们共制的

各种夹层与档格里
把我对微小的爱
全部地翻找出来

1998 年 3 月

弱者也可以表达

终于被一个错误抓住

书店里，很多很多人
在书的空隙里游动
我和他们
仿佛一群盲目的热带鱼

原想在字和句子中
找一些支撑，结果
我的伤感被烘托得
更加醒目

离开与我共同叹息的
字和句子，我走出来

早春的冷风卷起沙土
使我感觉

带有几分逼问的意思

唉！那一席话，对你说
还是早了些
——我终于向自己承认

多年了，我们是怎样默契呵！
在一个错误的前面奔跑
但终于，还是被它抓住
因为我们，高估了自己
因为我们，停下了
因为我们觉得，如今
它已不再会是
我们的对手
——我们还是没有改掉
　　性子里的狂妄

也许人的心
永远是柔软的
而生活中的有些事
永远长着尖尖的刺

这并不是好不好的问题

弱者也可以表达

这并不是成不成熟的问题
而且,这也并不是早与晚的问题吧?!

所以,别把自己想象得
与众不同
对有些话题
我们必须永远缄默
在有些路口
我们必须永远止步

别以凡俗之身挑衅天条
今生,我们只能在
线的一侧
理解着彼此的无奈与无助
并让这种理解
成为一种慰藉

1998 年 3 月

送别我最好的朋友

一直拖延着这场离别
到今天，你的电话
像一个蓄谋已久的早搏
轰然落入我的心
我的心惊厥而疼痛

终于面对这样的时刻
你的白帆
将完全驶出我的视线

你走了
我的教堂没有了
我的余生既然再无忏悔之处
只有小心行事

弱者也可以表达

是命运让我们分手!
其实,命运早把我们拆散
是我非要抓住你的身影
非到你走上舷梯的一瞬
不肯放手

我不过想让你晚些离开我!
再晚些!

生命中最后一根绳索断了
这是我今生最后最不舍的送行

哭也是没有用的
我知道,我们再不能相逢
是命运让我们分手!
哭也没有用!

那就收起所有的伤感吧!
愿我的祝福是你周围的空气
平常而无须察觉地簇拥你

愿我们的友情是美丽的徽章
作为纪念

在你华贵的胸前闪亮

在我贫寒的胸前闪亮

　　　　　　　　　　　　　　1998 年 3 月

弱者也可以表达

哪一种安排都是上帝的眷顾

一双灵巧的手

轻盈地

轻盈地

掀开薄纱一样的门帘

一双魔术师的手!

将一路的明锁　暗锁

将所有的木门　铁门

将世界的机关　防范

统统掌握

被关闭在外的众生

不免想——

最后一道门所护住的

是宫殿还是废墟

走到尽头的人所得到的
是惊喜还是怀疑

上帝把险途交给幸运的不幸者

上帝把庸者关在门外
关进安全和秩序

你能说
哪一种安排
不是上帝的眷顾?!

1998 年 4 月

弱者也可以表达

世界一隅（之一）

饭香

是想象的炊烟

在我固执的向往里飘升

我的柔弱

在岁月里流淌

像溪水

无声　但清纯

死界的繁花

越来越近现出魅惑的鬼影

命运限制了我的想象！

我已准备向我的笨拙认输

并且放弃　对结局的关心

世界一隅

一缕不欲争辩的微笑
正从我唇上浮起

1999 年 1 月

弱者也可以表达

世界一隅（之二）

与高高的天空做一个了断
如果我注定不能够飞翔

与心中的爱情做一个了断
如果爱人永远居住在梦乡

与山冈上的朋友做一个了断
如果我们彼此
早已成为
遥远的风景

与过去
与未来
都做一个了断

让生命像自由的落叶

随风飘零

随风起舞

随风歌唱

做一些 做一些了断吧！

与所有不相干的人和

事情

散发着洗衣粉香味的

小屋里

我将与命运

和睦相处

1999 年 2 月

弱者也可以表达

世界一隅（之三）

漂泊　曾经
是我的梦想
漂泊　如今
是我的悲伤

我已在所有路线之外
只能
在心中流浪
我寻找什么？
我躲避什么？

台下早已座无虚席
我才想重新变成观众
站在那里　无助地
张望——

台下早已座无虚席

什么都无法改变
无论怎样的悲剧
我都得纵身而入
只是不知
还有没有必要
等到——
剧终　散场

1999 年 6 月

弱者也可以表达

关于那个人的想象

那个人　必须

和我一样

寻找了一生

无论以怎样的方式

那个人　必须

透过我

无法为之保持的容颜

认得我

始终为之保持的心灵

不用

不用去海滩上散步

不用大海来淘洗我们的真诚

让我们走在形式之外

让我们避免谈论爱情

在遭受了许多苦难之后
让我们避免谈论苦难
在经历了所有生活之后
甚至　让我们也避免谈论生活

(别把我看成诗人
诗人用笔写
而我用生命)

让我们用最平常的语言
表达相逢的惊喜吧
用最平常的语言
　最自然的表情

那个人　还必须
读过狄金森
"跳着舞过黯淡的日子"
从而　和我一样
理解我们的幸运——

在最后一支圆舞曲奏响之前

弱者也可以表达

毕竟　我们找到了最好的舞伴
　　　　　　无须恨晚
　　　　　　无须伤痛

只需
我们只需相伴起舞
只需在彼此的目光中
让灵魂拥结
　　　旋转
　　　飞升

　　　　　　　　　　1999 年 7 月

我的选择

我的双脚

踏着火焰的沼泽起舞

这使我

不能停止

也不能喘息

但是　若是我灵魂的舞姿

能凝固成千年壁画

在宇宙的岩峭上

永久　熠熠生辉

再让我选择一次

我仍愿如此

1999 年 10 月

弱者也可以表达

遥想萧红

我有些理解你
那剩下的
半部红楼
隐没在两潭
静静的秋水里
多少无奈
多少遗恨
多少不甘
……

总想　总想写一首
关于你的诗
却总没有落笔
觉得你太美
美得让我自惭

觉得你太有才情

我笨拙的笔无法临描你

但隔着这么多

隔着凡常与灵慧的悬距

隔着半个多世纪的风云

隔着时代的藩篱

我却无法不去

感受你　爱你　想象你

朋友们都说

我有一个萧红情结

我想　也许

多少个不眠之夜

我的心一遍遍在你的悲哀中旅行

你苍白而疲惫的面容

仿佛离我那么近

我甚至能听到你爽朗的笑

在病痛和饥饿中发出的

　　　　　　爽朗的笑

那笑是多么纯美和傲视呵

像一朵空灵奇异的花

开放于黑暗和污浊之上

弱者也可以表达

我甚至能触到你顽皮的嘴角

飘洒的短发

和那真纯的宝石一样的目光

你一生都在矛盾的两极

架起的钢丝上行走

而下面是万丈深渊

你一生都在这么走

这世上有几个人敢!

有时我想

我若是男人

会以怎样的方式爱你

我不知道

但可以肯定

在我心中

你并不只是一个美好的女人

你是一个勇士!

时代的苦

女人的苦

你一肩承担

而你的肩多么柔弱呵

你以沉静的声音

发出千万年来千万女性的

怒吼——
为什么受伤害的总是女人!
于是你用你的生命
一路去询问

你倒下了
但你是勇士!

形纤弱　神高远
你多像一只火凤凰
把无比的热烈
涂在生命的画屏
美丽　飞扬

我多么赞叹　呵!
我多么惊奇
你那娇小和病弱的躯体
释放了多么巨大的激情
颠簸　病痛
难于倾吐的隐衷
这就是你的原料吗?!
我多么惊奇!

呵！如果能够

我多想与你交谈

我多想面对你清澈如水的眼睛

告诉你　你是勇士

你所选择的

也许是世上最难最难的问题

你没有错

你所要找的　谁人都在找

你所想要的　谁人都想要

只不过没人像你那么倔强

　　　没人像你那么痴迷

为了相信这个世界

你甚至没想过要保护自己

带着遍体的伤痕

仍然与卑恶作战

你甚至不肯跟自己讲和

任着你的心被分成两半

在那里厮打

在那里流血

很多人都谈论你爱情的不幸

但我认为

第二部分 一点文学练笔

你追求的不仅仅是爱情

在你的爱人那里

我认为你追求的

也不仅仅是爱情

你一路逼问到底的

仅仅是男女之间的爱情吗?!

我坚信　你追求的

是大于爱情的东西

对于你来说

爱情的美丽不过是

生命美丽的一部分

爱情的痛苦也不过是

生命痛苦的一部分

这样　你天生高贵的灵魂

才与时代进步的呼声

融为一体　那么自然

那么自然

你成为一个勇士

你一次一次去求证

在你的爱人那里

在你的友人那里

在你的导师那里

甚至在你的敌人那里
你一次一次去求证
在你的作品里
你是那么真实
真实到不知道保护自己
呵！无论多么苦难的生活
你都要把它过得很美
我仿佛看到你与友人围坐
非要豪情地吃几杯酒
柔弱和刚毅在你的身上
奇迹般地融在一起

呵！如果能够
我多想与你交谈
我想提醒你
也许你的心里也有一个情结
真的　我一直这么猜测
你的心里肯定也有一个情结
这使你去爱
使你去写
情结是个心理学名词
但我固执地以为
有情结的人生也许才美

第二部分　一点文学练笔

你一直想抓住点什么

你一直想努力高飞

你倒下了

你栽落了

但我要告诉你

虽然至死也没有剥开

那个情结的内核

你奔扑而去的身姿却很美

　　　　　　　绝美

呵！如果能够

我多想与你交谈

我还想告诉你

我懂得你的病痛

谁都很少注意你的病

但我知道　它们是多巨大的敌人

是多折磨人的魔鬼

它们是多讨厌的绳索呵

拖住了大鹏的双翅

罪恶的绳索

这世界无法打倒你

就利用最恶毒的暗器　病

来打倒你的躯体

弱者也可以表达

你倒下了
但你是勇士!

萧红　我爱你
你曾以怎样全部新美的爱情
给予你的伴侣
你曾以怎样挚柔的眼神
注视你的友人
像注视自己的兄弟
你就像一个孩子
不　实际上
你始终就是一个孩子
在几千年的铁壁前
在无边的黑暗里
你保持了一份孩童的赤诚
这绝不仅仅是一种浪漫吧?!
你是一个勇士!

我甚至不忍去品味你最后的孤寂
当你与同室的病友——
一个陌生人
分享一只苹果的时候
你的平静

是对这个世界的绝望

还是对这个世界的摈弃

我无法得知

我只觉得

你不是那写剧的人

你不是那演剧的人

你地地道道是那剧中的人

你是那剧中的人

所以宁肯把悠长的岁月

换成短暂的壮烈

浓缩所有的苦难和激越

完成了耀眼的燃烧

你说过——

屈辱算什么

甚至死算什么

——你太真情太投入了

又怎么能不衰弱不躺倒?!

我曾经去到呼兰河畔

想进入你梦中的河流

我曾经拜谒你的故居

想感受你后花园的神秘

我曾经在夜静更深

弱者也可以表达

独步商市街
想从脚下的石砖上
听到你当年行走的回声
抚摸老旧的建筑
想用手指
接触你存留的气息
……

萧红　我爱你
我的性格决定了——我爱你
你确是我的一个情结
而我也终于明白了
我爱的不是作家萧红
我爱的不是才女萧红
我爱的只是一颗纯洁的心灵
我爱的只是一个勇士
我爱的只是你这个人
萧红　当我明白了之后
我感觉我即刻走近了你
所以　无论我的笔怎样笨拙
我都可以写出对你的爱

1999 年 10 月

会 议

一种语言背后
还有一种语言
我的思想突然成了
别人的思想　变得
无比铁定和雄壮
而我　似乎不曾存在
真的　我自己都快这么认为了

好在　被取走的
只是我枝上的果

其实　这不过是一场游戏
有一些小小的残忍
有一些小小的恶毒
眼神和姿态
结成团伙

弱者也可以表达

这不过是一场游戏
有一些灵魂的折损
有一些良心的妥协
权势和利益
形成规则

我若参加
即陷入圈套

还是让我放弃吧
让所有挥舞过来的拳头　落空
让我听从智者的教诲：为天下谷
让那些水从我身上流过
让我沉在水底

观看　或者连观看也不屑
鄙夷　甚至连鄙夷也不屑

1999 年 11 月

第二部分　一点文学练笔

我只是深深地爱一种感觉

生命在梦中悄悄流逝

心从梦中慢慢醒来

醒来的心重又入梦——因为爱

1. 午夜的疼痛

午夜

疼痛要把我撕碎

半生也没想通的问题

像系成死扣的结

突然解开

思想

是疯长之际的庄稼

黑暗中

"咔咔"发出拔节之声

弱者也可以表达

止痛片
还没有走遍我的肢体
无数小的金星
飞舞
疼痛使我接近本质
心，亮如白昼

终于
药，升起水面
疼痛
矗立的冰山般
慢慢隐入海底——
成为锚
成为病的泊位
我在疼痛之上安睡
　在梦之上安睡

多少个这样的夜呵
才通向一个黎明
多少碎片
才铸成今晨明镜——
照彻我憔悴的容颜

我爱一种感觉

我终于知道

我只是深深地爱一种感觉

病弱正是我的路

疼痛正是我的向导

本不用理会

这世界所有的尺子

2. 远离时尚

爱一种感觉

远离时尚

我需要清澄的时空

时尚太匆忙

从童年

我就开始倾听

那些音符

那些美妙的

让我颤栗的音符

我用心

抚摸它们

它们呵！从未停止过歌唱

弱者也可以表达

一种感觉
很早很早
即将我俘获
或者就是我生命的密码
带着它
我走进这世界
于是我灵魂的天线
只接收约定的波长——
把繁华关闭在外

这有些古典有些陈旧
我成为一个拾荒者
捡拾人们丢弃的
我的宝物

痴迷也是美丽的
为了得到真实
我先亮出我的真实
把真实做成一盏灯，高擎

爱一种感觉
爱一种远离时尚的

纯粹的感觉

拥有它，我愿花一生代价

品味它，我愿用一生时光

我愿在一条深深的雨巷

在终点处

对着你说：

怎么，那风儿没有带给你我的歌么？

好吧，就让我现在来唱给你听

我说这是我唱得最好的一次

你说这是你听过的最美妙的乐声

但是，你是谁呢？

是我的爱人吗？

是我的友人吗？

是一个陌生人吗？

都没有关系！

我说过了

我说过了我爱一种感觉

我只是深深地爱一种感觉

我只要最后飘进我眼帘的

那根雨丝

仍然是新鲜的

3. 编织

我愿意给爸爸妈妈打毛衣
用最普通的针法
织成那种像他们人一样的
最简单的样式
我用这种方法
表达对他们的爱和理解
这样的毛衣
他们穿起来很美，很和谐
他们是这世上最朴实的人

我愿意给朋友的孩子打毛衣
织一圈小人儿手拉着手
告诉她——
红色的小人儿是小朋友
绿色是脚下的草地
金黄色是灿烂的阳光
朋友讲，女儿搂着毛衣入睡
说是要把小朋友们带进梦里

我愿意给自己打毛衣

用洗过的柔软的旧线

我愿意闲闲地

织了又拆

拆了又织

然后

穿起一种简朴

穿出一种情趣

我天生不属于富贵

我喜欢茉莉花淡雅无争的芬芳

喜欢一种女人的，懂事的美

一种过日子的美

我要不停地编织

我喜欢这世上

还有人

需要我的手去暖护

虽然我是这样的纤弱和吃力

4. 不想再重复做过的傻事

做过的傻事很可爱

自己曾经太可爱

所以要善待自己

不想再重复做过的傻事

不想再去排演

没有人配戏

一切还会是枉然

不过，我倒真想

轰轰烈烈地演出一场

若是你能出现

若是你能出现

无论我有多老

都要陪你走上舞台

我甘愿像一个真正的艺术家

在幕布即将拉闭的时候

倒下

倒在你眼前

倒在我

渴望已久的梦境

5. 寻找一位诗人

寻找一位诗人

或者，确切地说

寻找他的作品

因为，我知道他时

他已经死去

已经记不清

从哪里

读到他的小传

从此，便开始我的寻找

至今却只得到他一篇小说

据其，我推测

他是崇拜兰波的

寻找一位诗人

他与我是同代人

勤奋，病，早逝

出名，又不很出名

还有很重要的一点

他与我生活在同一城市

这就是所有理由吗？

我想起一句话：

你与你读到的书是有缘的

我不会放弃

弱者也可以表达

　　寻找一位诗人
　　这更让我感觉
　　留下一些诗句有多好
　　使灵魂的对话
　　能打破生死界限

1999 年 12 月

第二部分　一点文学练笔

远渡重洋的圣诞卡

这样的纸有些引诱我

心，聚起一股温柔浪漫

电话太贵

信太慢

相隔太远

很多时候

也就只好在心中

枯萎了

对你的想念

1999 年 12 月

弱者也可以表达

半个人与半个人无法做朋友

或者出国
或者到别的城市
朋友们都已走远
电话和信
终于成为对过去的敷衍
像风筝的线
在一个冬天
扯断

我是囚徒
我得用别的办法行走
我用别的办法行走
一条路在心中伸展
暴露而停顿着的
是我的掩护或者

留守

半个人与半个人无法做朋友
等候我
等候我与我的相逢
等候我完整

呵，朋友
如果我能用别的办法
与你共赴终点
如果我能
让我们在那里重新结识

我们可以交谈
我们可以呼吸着淡蓝色的空气
饮着甘露
在所有的话题之间挑选

我们可以缄默，当然
我们也可以缄默
可以在黄昏的倦怠里
把阅历的担子置于脚边

只是静静地

相互陪伴

1999 年 12 月

生命的感觉

也许

英雄豪气

只是为了一缕情思

男儿侠骨

只是为了一种温存

你一直用另一种语言

告诉我一个真理

并且,已经给了我悲伤的时间

并且,已经给了我思索的时间

如果我想变成一只蝴蝶

我只是想看到那些你所看到的

美丽的花

如果我想变成一只白天鹅

弱者也可以表达

我只是想能与你比肩漫步
听懂你高贵的语言

其实，能让我仰望你
也就足够了
我将像一个普通的观众
甚至一个热切的没有座位的观众
在你的容光里
完成我深深的迷恋

这真是个寒冷的冬天呵！
我却想着这些
奇迹般地感受着
迷恋生命的感觉
感受着有一团火在寒冷的深处燃烧
　　　　　在我的身体里燃烧

我终于相信
无论在怎样的深渊
灵魂都可以飞翔都可以朗朗大笑
最后，会有一份感激
最后，真的只会有一份感激
留存于心

这真是个寒冷的冬天呵!

而我相信了你

1999 年 12 月

弱者也可以表达

是不是已经太晚

现在
是不是已经太晚
交给你　我的诗
和我的梦想

晨曦已经过去
黄昏已经过去
半生已经过去

不过　如果有破冰的船
　　　如果有倔强的桨
寒冷的冬夜
也可以出航

不必等待旅伴

只要有诗

就有似水柔情

只要有梦

就有一天星光

让我再选择一次天真吧

仅仅为了知道你的存在

也让我再选择一次天真

让我在机网和电波所笼罩的纷繁中

找到一个地址

我愿意用古老的方式

怀着温馨

把它写在亲手粘起的

信封上

在寒冷的冬夜出航

让绚烂的沧桑入我梦来

让美丽的梦境入我诗行

让我的诗载着我的梦

像春天的花瓣儿

在你的生命中

吐露芬芳

弱者也可以表达

现在
是不是已经太晚
交给你　我的诗
和我的梦想……

2000 年 1 月

致我的小朋友 YY

在你青春的充满梦想的笑容里
我看见我青春的梦想

那天
一种年轻得似乎不相称的快乐
在我心中激荡
甚至男孩子送花儿的事也告诉了你

原以为零落的芬芳
一瞬间被含苞的花蕾聚集
哦,纯真并没有丢失
只是要对着纯真的人
才能说出纯真的话语

弱者也可以表达

我惊诧于我像一个孩子——
有些忘形
有些疯
所以后来也有些羞涩和惶恐

我们一起欢度的浪漫的一天
竟使我惶恐！
我恍然明白了——
难怪青春总和浪漫相伴
浪漫是一种勇敢！

谢谢你赠予我的年轻的快乐
并且给了我一个阅读自己的机会——
所有的错误其实都无法避免

谢谢你赠予我的年轻的快乐
那温暖有趣的相处
将永远藏于我记忆的书页
成为一种安慰
甚至成为一种信念

2008 年 8 月 25 日

你拾起一片红叶
——观 2008 年北京残奥会闭幕式

你从轮椅上缓缓俯身
那一瞬整个鸟巢静静注视
你拾起一片红叶佩在胸前
所有的心灵都睁开双眼
看到了柔情和美

这是怎样庄严的时刻
你是要走过红地毯去说一个盛会的结语
但还是无法抗拒那红叶的诱惑！
我猜想，那原本就是你心中的红叶吧？
就像婴儿亲近乳汁一样
你在那一瞬忘情
那么自然
所以也那么高贵

弱者也可以表达

奥林匹克不就是一种忘情吗?!
这盛会不就是对一片红叶的迷恋吗?!
——那力量之源
　　那意志之端
　　是爱的信念

让我们每个人
都能发现和拾起那片红叶吧
让我们每个人
都走过心中的红地毯
忘情地追逐属于自己的梦幻

你拾起一片红叶
我听到一种无声的语言
我的思绪是如此难平
我的感动是如此璀璨
在这遥远的北方的城市
让我打开窗子吧——
让初秋的夜雨
催我入眠

2008 年 9 月 18 日

黄昏的告别

本来
我只想观看你们
本来
我只想与你们告别

但终究抵御不住青春的邀请
恍惚中　我走下台阶
　　　　　走进操场
　　　　　走进你们的欢腾

没有探究是哪里的乐队在演出
我仅被这欢乐和激情所吸引
台上的歌者
台下的你们
都是我眼中的风景

弱者也可以表达

那一刻我也许有些失态吧！
我一边流泪一边微笑
你们的欢乐使我忆起我们的青春
曾经这也是我们的舞台
瞬间　我想起很多师友
　　　那些亲切生动的面庞

那一刻我肯定有些失态吧！
我像少女一样在操场上
在年轻的欢乐中穿行
我以你们为背景自拍
——我要与青春和欢乐同框

本来
我只想观看你们
本来
我只想与你们告别

离开之时
别情已化作一股酣畅
身后的欢腾使我的脚步轻快起来

走在丁香树斑驳的夜影里

我想我还得赶赴下一个课堂

我感受到了一个普通人真切的快乐

我想只要认真努力地工作过

充实就会多过遗憾

只要认真努力地生活过

幸福就会多过悲伤

我的青春　友谊　爱情　梦想

应该已融入母校的馨香

而我

也将带着母校镌刻在心中的印记

赶赴下一个人生的课堂

我不禁笑了一下　想

不用像以前做学生时那样急着占座

也不用像之后做老师时那样提前到场

成熟和智慧已告诉我

生活中总会有我的位置

我　只需从容前往

2018 年 6 月 15 日

退休前夕，上完我执教生涯的最后一堂课

第三部分 一点专业思考

第三部分　一点专业思考

当下社会不共情的人际关系

在目前内卷和快节奏的社会生活中，人们普遍感到孤独，想得到理解变成了一件奢侈的事。不仅人和人之间缺少理解，个体不被团体和机构所理解，似乎自我理解也消失了。我到底是谁？我从哪里来，要到哪里去？我真正需要什么？我真正喜欢什么？这些根本的问题被呼啸而至的现实拉扯着涂抹着，模糊而碎裂。很多时候我们体验着焦虑和不安，但又为这种焦虑不安感到内疚。那些外面的声音告诉我们这种焦虑不安是负面的东西，我们应该努力调整自己以充满正能量，所以我们又得赶紧要求和批评自己，快速地站回到自己的行列和轨道中，以求不被时代的洪流所淘汰，顾不上追究这洪流要把我们带到哪里去，更顾不上思考自己是否适合这洪流，这洪流会不会顷刻间就吞噬了自己，毁灭了自己。然而人毕竟是人，即便意识里充满了谎言和虚假的力量，作为万物之灵的内里仍有智慧的潜意识之光，这微光像荒原中的"鬼火"，不灭而恒久地提示着我们的灵性，以期为我们带来救赎。

不共情的人际关系可能是目前最显明的社会问题之一，对此，我这个内心敏感，对精神生活有一定要求，同时兼做临床心理咨询的专业工作者也感触最深！不共情的人际关系无论对个体还是对社会都是一种巨大的危机，会使个体和社会互为因果地陷入病态的恶性循环，会毁坏人之所以为人的本质发展需求进而毁坏人的根本福祉。下面我从一个比较感性和形象的视角展开一些讨论。

一、不共情人际关系之现象

通俗地讲，共情就是能设身处地地理解他人。高水平的共情应该包括对诉述者情感和话语内容的双重理解，就是说不仅能明白对方的感受，还能明白对方真实的处境，能切实理解对方在心理上和现实中所遭遇的困难。我们会发现，人们在生活中诉述，很多时候并非奢求直接解决问题，而是只想得到理解。大多数有常识的人似乎都对其内心痛苦和生活困境有清醒的认识，他们知道那不是简单的问题，不是一朝可以解决或者知道其根本无法解决，但他们仍想获得理解。被理解或被共情，是人基本、重要且恒久的心理需求，是人精神上的阳光、水和空气！即便问题没有解决，但若是有了理解，便打破了孤独，有了同类之间的相互知晓和连接，便有了支持，有了温暖，有了慰藉，在情感上注入了力量！一旦被理解，生活就发生了本质的反转，即便依然身处困境，即便情势将更趋严酷，但因为精神生活中照进了共情理解这道光，生命就完全换了模样！

但就是这精神生活中的阳光、水和空气，在现今的人际间也是缺乏的！稍注意观察和体会，你就会发现如今人们很难在意别人。大家都太忙了，太累了，被诸多自身所扮演的生活角色捆绑着要求着挤压着，无暇他顾。内卷和竞争的生活方式使个体只工具性地盯住有用的人，但他们对有用之人的盯视也绝不是真正的共情，也许在交往互动中为达目的，会过程性地揣测、关心、迎合、满足一下对方的心理和现实需求，但一旦利益交易结束，所谓的关注关心则立即终止。一个最简单的判断标准就是"为我所用"，一切围绕着"我"的需求！"我"没有时间没有兴趣去了解"你"这个人，"我"跟"你"打交道只是为了拿取"我"想要的东西，不管"你"是权力的掌控者还是专业信息和知识的提供者，"我"拿到就好了。当然，社会生活的市场属性使上述的互动方式在一定的范畴内是合理的，也是必然的。但如果这个范围波及甚至扩展到生活的一切方面，那就是一个荒凉的世界了！如今我们放眼望去，自我中心的人到处可见，更为悲哀的是，在这个不容他顾物欲纵横的异化环境中，大部分的成功者恰恰都是能有效抢夺资源的精致利己主义者！这无疑会形成一种导向，使得环境向着更不共情的方向恶化！

我在给思政本科生和应用心理学研究生讲授"心理咨询与治疗"课程时，经常有学生问我咨询与治疗中最重要的元素是什么。我总是不假思索地回答：是共情和解释！其实我知道这个不假思索是在不断的理论学习和实践揣摩中凝结成的信念。并且我接下来总是说，如果没有能力给出恰当的解释，仅仅好的共情，也会给到来访者相当大的帮助。共情理解不仅仅是展开咨询治疗的条件，共情理解本身就是一种治疗和帮助！生活中我们对创伤的理解往往是急性可见的危害性事件，比如天灾人祸、疾病和丧失，而很难意识到不共情的环境和人际关系所造成的巨大伤害，缺乏共情已是当今内卷社会加诸个体的持续、慢性和隐秘的精神创伤。

我几乎在每个咨询心理学的课堂上都做过一个调查，在其他相关的教学情境中也喜欢提出这个问题，比如在人力资源管理的课堂上，在本科生心理健康选修课的课堂上，在心理咨询师培训的讲座中，在给学生和年轻咨询师做督导时……我让学生们在记忆中搜寻真正被共情理解的经验，然后报告出来。在近20年的上述工作中，我听到的90%的报告是几乎从来没有被很好地理解过！约有10%的人报告了一些被共情对待的难忘时刻和感人经验，这些被描述出来的记忆中的事件和画面立刻引来一片艳羡！也总是会引出很多眼泪！这滔滔的泪水中真是五味杂陈……不止一次有学生说，别说是被不被他人理解，在从小到大只有要求和竞争的生活中，自己好像都不理解自己了！这样的教学无疑是不轻松的，会触痛创伤，会唤醒麻木，甚至会撼动某些根基……但接下来就有可能带来启迪、思考和成长，所以我觉得特别值得！

在生活中直接提出和调查这个问题有些难度，一是受社交谈话肤浅性的限制，二是人们对概念的理解所存在的歧义。但我还是一直留心着相关现象和信息。我发现，大多数人不把共情理解视为人际关系中的重要元素，而主要以达成某种外部目标为交往目的；人们普遍重视生活的实务性而无视或忽略情感性，觉得纠结于内在感受是"想得太多"，甚至是不够健康；如果有人表现出被倾听和被理解的渴望，容易被认为是软弱和不够坚强；如果有人付诸实践坚持追求共情理解，则无论在机构里还是在人际间，大多会被标以不成熟、社会功能低下、适应不良和缺乏现实感。总之，在我们现今的文化环境中，重视内在感受和寻求理解往往被视为弱者的表现。

由此我们的生活中处处充斥着不共情的人际关系现象。先来看个体与机构的关系。我们在单位中感到更多的是被要求而非被理解，虽然集体主义和凝聚的事业心在我们的时代文化中起过相当积极的作用，但随着社会生活的多样性进程和个性化崛起，尤其在当下内卷的竞争中，个体在职业岗位上感受到更多的是窒息和被淹没。多数领导和上司只关心任务指标的执行情况和绩效结果，不关心下属与工作的具体连接，职业岗位上的很多重要问题被忽视甚至抹去，比如个体与工作的契合度、个体对任务的个性化想法、个体在工作中的内在情感体验、工作对个体的意义，还有个体的不同生活状况和困难。总之，单位成了个体需要削足适履去适应的场所，成了生产各种可交换商品的车间。而在工作中人们所应得到的内在舒适、情感慰藉、心理支持，所应得到的理解、回应和认同，却所剩无几！就是在人力资源管理中格外被强调的各种激励措施，执行起来也往往是工具性过程性的，其根本目的还是指向绩效而非指向人，抽掉了其中以人为中心的共情成分从而失掉了其灵魂。我的一个来访者曾描述过她做的一个梦：单位在开大会，会场上只有领导在讲话，台下是一排排的空凳子，看不见一个人……她特别说明那不是连在一起的有靠背的坐上去比较舒服的椅子，而是有间隔的彼此不挨着的凳子。针对这个梦，来访者自己的联想和解释是，这单位就像由一个个冰冷抽象的岗位所组成，不但员工与机构之间互相看不见没有联系，同事之间也互相看不见没有联系。这个梦给我的印象非常深，这是来访者聪明的潜意识为现时人际关系画的像。

再看看个体在公共管理体系中的处境。比如我们去医院，常常是还没有叙述完病情就得到了医生递过来的处方，或者让你在一堆机器中轮番检查，虽然你也得到了诊断和治疗，但在感觉上你觉得自始至终没有一个医生了解你。我们的医院里病人多医生忙医生累确实是事实，而且大部分医生都是认真履责的，但现时的医生缺乏共情意识或更准确地说缺乏共情能力也是事实。我始终记得著名精神病学家和心理治疗家许又新教授举的一个实例，他说到一个泌尿科病人对出诊专家有些过度的感激和夸赞，专家不解其意，因为这个病人的问题十分常见和简单，并非疑难杂症，病人何以会看了好几个医生何以会如此感慨呢？在专家好奇的询问下病人说出了他所感到的"好"，病人说："好在您让人说话呀！"只有在看这个专家的时候，病人才感到被关心和被理解。我们排了长长的队等了很久才看上病见到医生，但医生给每个病人的时间平均只有几分钟，在这几分钟里，能把病症叙述清楚已属不易，再想让医生了解自己的感受那实属是不可能了。我们都知道那句著名的话:"有时去治愈,常常去帮助,总是去安慰。"当我们生病时,当我们处于脆弱、恐惧、无助和痛苦中,甚至处于生死的边缘时,我们多需要被共情温暖地对待啊!医生不仅要诊断出疾病,还需要了解病人个性化的身心状况甚至生活处境,据此才能实施切实有效的帮助。还有,医生还要在心理和情感上安慰病人。这本应是多么自然的事,但在当下匆忙的现实中已成奢望,医生们每天去对付的好像仅仅是一堆病症,而有这些病症的人大都被无视到犹如隐身和空气。

我们再去到学校里。从小学到高中甚至包括现在的幼儿园,都是一堆要求。而且这些要求不仅是对学生的,还有对家长的。学校、老师、学生和家长组成了疯狂的竞争连体,目标只有一个就是排名和胜出,或者说不能落下。奔着择校,奔着特长生,奔着学区房,奔着出国,奔着好大学……这各显其能的每条路都有套路,这连体中的任何部位都有规则。我经常觉得这像一部绞肉机,这系统中的每个个体都苦不堪言,但又都深陷其中不能自拔。被共情简直是神话!并且大家都自欺欺人地想:先放下一切,先达到目标,先胜出再说!幻想着达成目标之后的放松、舒适和幸福,殊不知在这过程中,生命的内核已遭到破坏,在这本应茁壮勃发时期里的精神杀伐和阉割,大多会酿成巨大不可逆的终生心理创伤。在谈到大学新生的心理适应问题时,我总强调说,这心理问题不是到大学才出现的,这问题是多年攒下来的,甚至从出生就开始攒(各种胎教,父母不能输在起跑线上的焦虑……),从幼儿园就开始攒,只不过这些问题一路上始终被学习这把大伞遮着，直到大学才有机会爆发和显露，才有机会被顾及而已。不难理解从一个本质的意义上说，中小学心理辅导工作举步维艰，因为心理咨询室就像一座孤岛，孩子们在这里得到的仅有的一点共情支持，很快就会被周围要求与规则的汪洋淹没掉。我基本不做青少年咨询，原因之一就是我觉得我根本战斗不过环境！但在我接触有限的青少年案例中，以及很多大学生案例中，对于孩子们一直身处的不共情环境以及由此带来的种种伤害我体会深切。我的一个大学生来访者曾描述他整个的青少年时期就像地狱，而他自己就像被很多老师（来自校内和校外的各种补习班特长班）和父母摆布的木偶，他既要忍受不被理解的愤怒和窒息感，还要忍受母亲以他为希望为他付出一切所带来的内疚感，这些内外交困的痛苦使他患上了严重的强迫症。进入大学后会好些吗？应该总算可以喘口气了吧？而且大学不正应该是最人文最共情的精神之地吗？但好像我不用赘述了，现时的大学如何我们有目共睹！作为学习这个甬道的最后一段，大学与真正的生活只一步之遥，社会与职场中的种种严酷犹如透进室内的光影，近在咫尺，清晰可见。是考研还是保研？是去外企还是出国？是考公务员还是进事业单位？是进社团获取加分还是入党？……迫于现实的催逼，学生们入学后还没缓过神儿来就要开始对行进路线进行设计！我真觉得这很悲哀！这直奔目标披荆斩棘的劲头儿太粗砺了，它磨灭了大学对一个人心灵的濡染和滋养，捣毁了大学所能给予人的丰沛情感和优雅精神。所有需要稳步前行的路都被缩短了，所有需要慢慢探求的事都被简化了。我越来越觉得很多大学已失掉了昔日的学术之尊、自由之魂、从容之形和静谧之美。如此重压下大学生的精神状况是可想而知的！总的来说，大学里的心理健康指导中心规模和水平都很不错，但问题是需要帮助的学生数量太多了！需要长程陪伴深度工作的学生数量太多了！被共情被帮助的需求远远超出所能提供的。所以实际情况就是大学咨询中心的工作很多变成了危机干预，防止发生恶性事件成为了操作目标，而大部分学生的内心冲突和情感痛苦其实无法被看到和顾及，指向生命与存在本质的种种困难无法得到讨论和帮助。

那我们再去到生活中必须打交道的场所，我们去到银行，去到商场，去到市民大厦，去到房屋中介……我想我不用说了！你只要想一想你在这些地方的感受就好了。你感到更多的是被理解被帮助吗？你感到了作为一个人的尊严吗？你感到了人和人之间的温暖吗？你感到了信任、愉悦和安心吗？还是你感到更多的是冷漠和挫折？感到没人愿意了解你的困难，没人在乎你的痛苦？甚至你感到自己可能被欺骗，感到自己需要处处小心提防，否则很容易跌入某个陷阱？

好吧，既然我们在机构和群体中受够了冷硬的漠视和挫折，那我们多想奔到亲友身边啊，我们多想向他们倾诉，多想得到理解和抚慰。但结果是什么呢？对此，我想绝大多数成年人应该都已经历过了各种各样且不止一次的幻灭。教训是惨痛的！于是你终于学会了在生活中三缄其口，你终于知道你不能再去诉述了，即便对着骨肉相连的亲人，即便对着相交多年的朋友，除非你还不识趣，除非你受伤还没够！那么我想，但凡有点生活经验的人，一定对以下的情形不陌生，就是形式各异但本质相近的种种不共情人际关系场景：首先，你对之倾诉的人可能连"听"都做不到，他们根本不想听不想管别人的烦心事，虽然他们是你的亲人或自称是你的朋友，而且这种想法他们决不会承认，在自己心里也不会承认，这是一种他们自己都不了解的因为防御无法进入意识的想法，所以他们自认为是关心你的人。对着这样的人，你会有种无可否认的挫败感，他们或者貌似认真实质漫不经心，或者打岔，或者不知怎么就把话题转移到了自身，或者用眼神、语气和身体语言向你示意着不耐烦……致使你终于会放弃诉述的愿望和努力；他们可能没有时间或时间有限，所以希望你简短截说。但你发现一被这样要求，你更说不清楚了，你发现有些事有些情感是简化不了的！这就像你想与人分享想指给人看的是一片湖泊，那是连带着四周的灌木和沙石的，但对方只想让你舀来一瓢水，你知道被舀出的那瓢水什么都不是，所以你只好说算了吧其实也没什么要紧的没什么好说的，然后把话咽回去，同时咽回去的很可能还有眼泪；他们可能是很务实很理性的人，当你向这样的人倾诉时，你可能会得到很多建议。你们的谈话将变成一场谋划，但你发现你不是这场谋划的主角，这就像在你说自己的故事时，对方非要给你一个别人的剧本。你感到你被强拉着这一头那一头地去到很多根本不想去的地方，那些地方可能听起来诱人，也可能看起来堂皇，但委实不适合你！到头来，你沮丧透顶，你一面不得不做出感谢的样子，感谢对方为你花费了这么多时间这么多心思,一面只想逃之夭夭,想赶紧从那些与你无关的地方回到自己的现实,哪怕这现实苦不堪言。所以你逃也似地一边说着谢谢一边急急离去;他们可能是强者和成功者,当对着这样的人时,你理所当然会抱了更多被共情被解救的渴望,你想这么强大这么成功的人一定更有智慧也更仁慈,一定能理解、同情和帮助到你。但你与之交谈之后……唉,我真但愿你没有跟他们诉述!你与他们交谈之后,情形似乎更糟了,你发现你非但没有被理解,还隐隐地深深地受了伤害。我相信,你肯定被打懵了!对,就是这种感觉,被打懵了。起初,你肯定都无法理解发生了什么,你是抱着一颗多么虔敬信赖的心去到他们近前啊,你把心中最隐秘的事情和情感讲述出来,你把生命中最柔软的部分袒露出来……但你发现你犯了大错!强者们成功者们很快对你评说起来,对你指点起来。在这评说和指点中,你很快沦为一无是处。最让人困惑的是他们的话好像没有一点错,但这话里又分明隐含着一种逻辑,一种强者的逻辑,那就是你的麻烦是你自己的错,你的痛苦是你自己的错,你的困难是你自己的错,总归你最大最核心的错就是你不够强,就是你是一个弱者!在这强者的逻辑里,苦难成为了要被批评的错误。他们的忠告和建议只有一点,去做一个强者!这些铁一样坚硬和正确的话,让你觉得毫无说明的必要,毫无辩解的余地,让你觉得受到了最根本最彻底的否定。于是你越来越瑟缩,越来越无力,直像要消失了一般。当你带着一大堆强者逻辑离开时,意识似乎被说服了,但心却更加孤苦,感到压迫,感到屈辱,感到愤懑……终于感到不服!这不服似乎暂时还没有道理，似乎暂时也说不清楚，但就如强者们铁定的话语一样，你也铁定地知道你不服！这不服可能会开启你真正的思考和探寻，思考到底什么是强，百折不回地探寻那人类精神的救赎之路！当然这需要很多很多年，甚至需要一生……好吧，就举这些例子吧。

二、不共情人际关系之原因

当下不共情的人际关系，既有社会的原因，也有个体的原因，既有宏观的原因，也有微观的原因。而社会与个体紧密相连，宏观与微观也紧密相连。

1. 忽视个体性

我们的社会和文化历来强调普遍性，强调整齐划一，不鼓励不注重甚至压制个体性。当我们能基本上身处主流时，可以感到或获得某种认同、归属和安心，因为彼此相同和类似，所以能够拥有一种相似的情感和认知，感觉不到太大的差别，也感知不到多少被共情的需要，似乎在同一列队伍中就足以使彼此相互理解了。当我们回顾过去几十年的生活变迁，相信20世纪五六十年代出生的人对此都有深切感受。我们经常愿意说的一句话就是"一个时代有一个时代的主题，一代人有一代人的情感"。对我们这代人来说，很多有时代特色的共同情感体验记忆犹新、历历在目。比如"文化大革命"后期的物质匮乏、精神荒芜，高考带给人的激动和惊喜，"学好数理化走遍全天下"的偏颇共识，改革开放的冲击和震撼，直到今天内卷导致的种种困惑……还有那些我们当时深信不疑的口号和豪言壮语,比如"祖国的需要就是我们的志愿""愿做一颗螺丝钉,拧在哪里都不松""我是革命一块砖,哪里需要哪里搬"……是的,绝不可否认集体主义在一定历史时期所起的决定性的积极作用!然而,社会生活注定要朝着一个更自由更多样的方向发展,于内于外,于物质于精神,人们都势必会走上不同的道路,个体也势必去探索更多的可能,这是阻挡不住的文明进程。转首回望,改革开放后人们已经历了多次分化与重组,生活已从单一走向多样,情感已从简单步入复杂,"普遍"已不能涵盖人群。到处都有个体的差异,到处都有因差异而生的问题,我们再也不能无视个体被共情的诉求,再也不能沿用以往那种黏连共生的集体主义模式。但现实是我们太习惯没有自我的生活了!一旦我们有了自己独特的感受和想法我们就觉得恐慌、冲突和内疚,一旦别人有了自己独特的感受和想法我们就要跳起来去抹杀和指责。我们惧怕独立思考,更惧怕独立前行,所以我们不想也不能真正去共情,不仅不能去共情他人,同时也不能共情自己,只有在预定的轨道内按预定的方式去感受和行动才觉得安心。潜意识里我们仍然希望有一个至高的存在来设定我们的所思所想,仍然希望自己和别人一样,脱离主流简直等同于灾难。我一个在国外的朋友跟我说起过一件事,当地的幼儿园,孩子们很小就被告知有各种各样的家庭,有爸爸妈妈都在的家,有只有爸爸的家,有只有妈妈的家,也有两个爸爸的家和两个妈妈的家(同性恋家庭)。这使我感慨和深思。我想承认和允许多样性就是提供了更多的共情性,个体就不会因为脱离主流而遭受无谓的歧视和痛苦。只有具体真实的生活被看到,被理解,被允许,个体才能谈得上被尊重和被帮助,社会才能提供多条路径供个体选择。而我们的社会中有多少人度过了"木偶式"的人生啊!我们赶走了多少身心的真实感受,为了和大家一样,我们错失了多少可能性和多样性,错失了多少发展和成熟的机会!无论集体主义和整齐划一在我们的生活中起过怎样的积极作用,我们都不要忘记,永远不要忘记使人成为人才是我们的初心和宗旨!

2. 过于追求效率和速度

改革开放给人们的生活带来了翻天覆地的变化,总趋势肯定是好的,但这巨变中的不平衡不协调也俯首可拾。追求效率和速度已成为当下社会的主流价值,在生活的一切方面似乎都需要"赶快","快"已成了一种无须思考不言而喻的目标。在追求"快"的过程中,个体和机构都顾及不到内在历程,一切有碍速度的感受都需要清除,一切有碍速度的想法都需要放弃,心理和精神的诸多方面被忽视被牺牲,这种忽视和牺牲毫无疑问是创伤性的!并且接下来这种创伤会合并和隐匿进我们的文化习性,产生长远致命的破坏性影响。在长期的心理咨询专业工作中,我不断深刻体会到共情的重要性,无论对一个个体还是对一个社会,共情都具有着深广的意义和象征性,我甚至认为共情意味着发展、修正和转化的能力,意味着求真,意味着善;而不共情和缺乏共情,则意味着盲目、僵死和破坏。如果我们整个社会和社会中的个体都被卷进了"快"的激流,如果我们不能倾听自己的内心不能彼此倾听，那我们将要奔向何处呢？如果我们连方向都无从把握，"快"又有什么意义呢？！我认为从社会心理的层面上说，共情是最简单的办法，是实事求是的起点，也是实事求是的结果，是审视、检验和把握方向的反馈器。可一旦我们沦为外部速度的工具，就无法共情，个体和社会也将偏离和丧失理性。

3. 不关心精神生活和精神痛苦

我们当下的生活在某种程度上是一种失心的生活。人们尽力在抢夺和比较，这种抢夺和比较大多是物质的。大家关心和计算着自己有多少钱，有几套房，学位有多高，职称是几级，官职有多大，有多少社会头衔和兼职……好像拥有了外在所有这些东西就拥有了生活，就有了标配的幸福人生，却越来越少去关注精神层面，很少想我是否快乐？我的人生有意义和价值吗？我在生活中能享有尊严和自由吗？我能感到自己的独特性并为之自豪吗？我能发展自己的兴趣和创造力吗？我有深刻而令人满意的关系吗？还有，我感到痛苦吗？这痛苦对我意味着什么？……不错，精神生活需要物质基础，但绝不是简单的物质堆砌，我坚信人和人的本质差别在于精神生活的样貌和质量，社会文明进程也取决于全体成员的道德和精神水准。如果我们只注重物质，就会像弗洛姆描述的那样是过着一种占有而非体验的生活，精神就无立锥之地，生活的内核就会被抽走和丧失。这种环境的失衡可能首先在弱者身上以"病"的形式显现，一些敏感和功能弱的个体会体验到各种精神冲突和情绪困难，他们的问题其实是一种呼救和报警,然而,由于我们只盯着物质指标忽视精神生活,这些内在困苦不能得到重视和共情。我见识过不少出了问题的青少年家长,孩子的精神和心理已岌岌可危,甚至在重性精神疾病的边缘,甚至有自伤自杀的危险,但就是这样,仍然不能唤起和唤醒父母的共情,父母此刻全部的担忧和困扰仍集中在孩子的学习成绩上,这是多么令人惊悚的情形!还有迷茫者,即便那些在抢夺和比较中胜出的人,也免不了会间歇性地产生迷茫,在这浑然的蒙昧中,这迷茫本是一星亮光本可以带来觉醒的,但由于我们不注重精神生活,所以不会去共情这迷茫,这迷茫没有被观察讨论以成为精神成长的机会,所以这迷茫会立刻被压制和清除掉,个体就像抖掉了烟尘的斗士快速站回到生活的序列里。其实共情是一种精神生活的分享,不仅诉述苦难和创伤,也倾吐心灵的富饶、探索和甘美。共情是精神成长的养分和条件,也是精神成长的硕果,共情是人类精神花园里的美景!不注重精神生活,势必就不会有共情。

4. 没有坚实的自体,或通俗地讲没有自我

内聚性自体是精神分析自体学派创始人科胡特提出的概念,指一个自恋发展健康的个体所应具有的内稳态。这样的个体有比较紧实的精神内核,有比较稳定的自尊、自我认同和价值观,在体验的层面上有良好的自我感受。当这样的个体进行交流时,双方既有能力彼此共情,同时又能保持自身的稳定,相互的信息开放和汲取,既能给自体带来持续流动的修正性,又不至造成过度的刺激。但我们当下的很多人,并没有坚固的内聚性自体,没有

经过选择和深思的内在价值观和独立人格，脆弱的自尊往往有赖外部标准的虚妄支撑。那这样的没有自我的人在交流中，也只能复述一些与自身断裂开的流行语汇，不能或不敢去理解对方的个性心理，因为任何鲜活真实的认知和情感都足以强烈地冲击到他们虚弱的自体，使其碎裂和崩溃，而这种自身崩解的惶恐和痛苦是其难以忍受的。所以对于很多人来说，不去共情实在也是一种防御和自我保护，保护他们那虚空弥散的内在不被搅扰，保护他们从外部得来的谎言不被戳破，因为如果共情，就意味着要直面真实，就意味着要叩问自己的内心，这是他们不愿和不能承受的！没有坚实自体的另一种表现是自我中心，这是一些看似坚定有力，好像对什么都有主张的人。他们几乎不需或不容别人说话，有时还极具感染力。但如果稍事观察，你就会发现，这样的人也没有形成坚实的自体，他们没有能力去倾听和理解他人，停滞在一个处于"世界中心"的更为幼稚的心理状态，一旦要把注意力分给他人，就有一种消融的恐慌，所以始终不能真正地用心对人。在各个年龄段你都会发现这样的个体，他们除了展示自己，是根本无法倾听和注意别人的。不要说来理解你、支持你和安慰你，就是连听和听懂你都做不到，这样的人的注意力始终在自己身上，若要去共情，他们即会体验到自体消融的惶惑。这样一来，生活中的一些现象似乎可以理解了：为什么很多人都那么固执？为什么别人的话一句都听不进？为什么不能对困苦者真正用点心？……从心理发展的角度现在我们知道了，没有坚实自体的人可能经不起共情他人带来的冲击和震撼，自体在此过程中要是碎裂和崩解那是难以忍受的。所以只有一个充分成长和发展的人，才可能有悲悯之心，如果我们还没有成长为一个真正意义上的人，我们就不可能有共情，不可能有慈悲！

总之，不共情是因为没有共情能力，并且个体和社会互为因果地陷入恶性循环。共情是发生在健康个体之间的关系现象（或至少有一方能够共情，比如在好的养育关系和心理治疗关系中），有赖于双方较坚实的自体结构和较充分的心理发展。通俗地讲，共情能力是伴随着个体的心智成长逐渐获得的，个体从一个只想依赖只想吸取的心理层阶慢慢进入想给出能够给出的心理层阶，个体渐渐感知到其养育者或重要关系人也需要被关心，他们也会受伤也会脆弱，这样个体就从只想拿取的幼稚状态跃升到能够给出的较成熟状态，关系也从单方喂养的共生半共生状态进入到分离个体化的相互支持和平衡的共情状态。可以说，共情能力是一个个体较为健康的体现，而健康的心理需要良好容纳的环境来养育。或更为直接地说，个体的共情能力需要共情的环境来养育，最初是一个全然抱持、能及时和正确回应的足够好的母亲，然后是一个能关注、肯定和鼓励孩子，并能提供理想化父母形象的家庭氛围，再后来是能持续促进其发展促进其共情能力的幼儿园、学校教育和社会生活。心理学研究表明，个体一生都需要健康的共情支持，而个体也会在复杂丰富的社会实践中不断增长其共情能力。一个个体在一个人的意义上发展得越好越充分就越有共情能力，存在主义心理治疗大师亚隆就说过，随着年龄和阅历的增长，他共情来访者的能力也在增长，在工作中容纳性变得更强。

就像我写过的一句诗,"只有沐浴过春风的人才会变成一缕春风",有共情的父母,才会有共情的孩子;有共情的老师,才会有共情的学生。但是当我们环顾现实,即便你不是一个研究者,也会毫不费力地发现和确知:当下社会中个体从始至终都没有一个好的培育共情的环境。其实谈到不共情的原因,前面几点是彼此相连甚至互有重叠的,归根结底就是不共情的社会造成了不共情的人。正如精神分析社会文化学派的代表人物弗洛姆所说,社会是病态的,个体也将是病态的,病态的社会和病态的人互为因果。所以面对当下普遍的不共情人际关系现象,我们需要反思的是整个社会环境和文化氛围,是什么阻断了个体人格的健康发展之路,使其不能成为一个有共情能力即有基本的爱的能力的人呢?!

三、不共情人际关系之恶果

不共情会给人带来很大的挫败感。当个体竭尽努力但最终不能被理解和回应时,会感到沮丧、空虚和愤怒,会处于自恋受伤的状态。经常受挫的个体在情感和行为上都将变得退缩,体验到一种无助和无能感,对自身会产生怀疑。虽然在理性上也许仍然保有自信,但在潜意识的情绪层面,持续的不共情使人产生了模糊弥散但却全面根本的自我疑问。我是对的吗?我有价值吗?我好吗?我配得到关心吗?我还可以去希望吗?……这些变得不再确定。生命像缺乏阳光、空气和水,变得萎靡和虚弱。好像再没有了去制造点什么去找寻点什么的激情,没有了动力也没有了劲头儿。是啊，如果没有了那双注视的眼睛，存在还能称其为存在吗？如果没有另一颗心的映照和懂得，我怎么能确知我是谁怎么能确信我对这世界的意义？如果注定没有会心的相逢，那前路对我还有什么吸引力？生命还有什么欢喜可言？原来共情理解能给一个人注入如此大的精神动力和情感能量！没有了共情，个体就像折了翅的鸟，只能匍匐着苟活。这种打击是致命的，个体隐隐地感到受了伤，但又看不清找不到射穿自己的那支枪，似乎整个的生活都冰冷冷地充满敌意地对着自己，这真是无处诉述又无力返还的绝境。所以不共情的处境会造成个体的存在挫折，个体被抑制了本该伸展和绽放的生命，体会着痛彻心扉的无望和痛苦。

　　不共情会使人感到孤独。虽然有种浪漫的说法叫享受孤独，但孤独往往是痛苦的。孤独跟独处不同，独处跟交往一样，都是人的需求，两者达到好的比例个体才有精神的平衡，才能既享有充分的交流，又有独自转化整合和创造的空间。从这个意义上说，独处甚至是精神成长和健康所必需的。但孤独是一种精神隔绝，是在精神上不被共情。不仅身处的困境不被理解，思想和情感不被懂得，精神交流的欲求也得不到满足。诚然，中外历史上都有遗世独立的伟人，他们在种种孤绝中创造了奇迹，但那毕竟是极少数的人杰。对于绝大多数普通人，孤独是颇具损害性的。精神上的长期孤独，既损害健康也折损能力。而且不共情的孤独有其隐匿性，个体即便身处其中，也经常需要相当的时日去感知、辨识和确认。形单影只的孤独一目了然，但不共情的孤独常常不易觉察，就是你看似有很多亲友很多关系，但你却得不到丝毫真正的理解，周围人似乎都表现得关心你与你交好，但你却感到被所有人消耗，相处不再是一种享受而是一种负担。可能在很长的时间里，你都对此感到困惑甚至感到自责，你不明白为什么有这么多亲人朋友你仍然感到孤独，直到你发现并确认了不被共情的真相！没错，你终于看清了自己真实的精神处境：孤独。你不再抱有不切实际的交流的幻想，你在相处中多了一层观察，你再次确证了那精神的铁壁，你收回了渴望，你知道只有这样才可以少受些伤，但孤独是铁定的了！

　　不共情会让人不安和焦虑。长期得不到共情理解，个体在心理上会没有安全感，情绪会变得焦虑。一次次地受挫，使人群和关系在经验上不再象征着支持和可依凭，而是预示着冷漠拒绝。个体内在安心和稳定的温暖图式将被捣毁，代之以不安和不信任。在情绪感受的层面上，环境已变得不再友好，而像是处处潜伏着困难和危险。原来心中那些支持性的关系影像都变得疏离而消散了，不要说实际的交流就是在想象中也不复存在，心灵变得孤凄没有陪伴。临床心理学中有一句话说得好，其实生活中的危机并不可怕，真正可怕的是这危机从没被共情地讨论和认真面对，从而沉积为难以疗愈的创伤。不被共情的个体体验着多重焦虑：不仅仅是在当下情境和关系中受挫带来的被拒无助，还有源于潜意识心理的预期焦虑，长期反复地不被共情，使个体对未来充满弥散性的恐惧，再不敢有乐观的设想，不敢有被帮助和相互帮助的希冀，一切都准备独自死扛。这看起来是变得坚强甚至强大了，但实际是滋生出许多各自为战的焦虑，内卷和恶性竞争就是这种焦虑的群像。在不共情的生活里，个体还要承受着由存在挫折带来的焦虑。这种焦虑常常是蛰伏和难以描述的，不像在具体事务和情境中受挫那样显明，这是一种内在发展受阻或不能成为自己的感受，是一种天赋本质被限制了和不被允许的感受，这种愤懑不甘持久而痛苦，因为个体寻求发展和完整的愿望与生俱来且不可磨灭，所以这种存在焦虑也就不可止息。不共情还会带来保护虚弱自体的防御性焦虑，共情的关系和环境具有滋养性，能加固和稳定个体的精神内核，不共情的刺激和挫折却对自体有销蚀破坏性，所以不共情环境中的个体不仅要时时担忧着外部的危象，还要时时防备着内在的坍塌即自体的碎裂崩解，真真是内外交困苦不堪言！

不共情会使人抑郁。记得一个年轻的儿童心理工作者告诉我说，共情回应给孩子注入的情绪能量使她感到惊异。她是个沙盘治疗师，她说孩子在咨询师这里和在不共情的家长身边简直判若两人，她既为孩子在咨询中的舒展活跃感到欣喜，同时又为其日常环境感到忧虑。她提到一个自我中心的母亲，每次咨询结束妈妈来接孩子，当孩子走出咨询室时，她都强烈而悲哀地感到孩子像从太阳地一下迈入阴霾中，立刻失去了欢乐和活力，她目送孩子由妈妈牵着离去，就像目送一个短暂放风后又被带回监牢的人！这个年轻治疗师的描述让我印象深刻。其实不共情对个体的损害对于成人和孩子是一样的，只不过成人的受伤表现更为隐匿。长期得不到共情支持的个体会陷于抑郁，这种自恋受伤的抑郁不像经历了剧烈灾难那样显明强烈，一般也达不到抑郁症的诊断标准，而是隐秘、模糊、慢性地迁延着，并且不易察觉和辨识。不仅不易为外人察觉，也不易为自身察觉。因为不共情与通常的创伤、疾病和丧失不同，当事人在意识里会感到没有理由，就是说生活看起来很正常，一切可见的指标都不错甚至可谓成功，简言之什么都不缺，怎么就提不起精神就不快乐?! 应该快乐啊，但就是不快乐！这感觉很像奋力抢购商品，到头来却发现没几件真能用得上，恍惚间，甚至觉得这些东西是不知什么人硬塞给自己的，而自己依旧匮乏！这真让人困惑懊恼！我们需认识到不共情的生活对个体来说是有本质缺陷的，这种缺陷不能用物质或外在成功替代和弥补。除非自我能找到一条发自内在的兴趣与创造之路，即除非个体能通过天赋技能来发展和支撑自体以抵御不共情的环境，否则必会堕入抑郁：感到情绪低落，没有兴趣和活力，感到空虚，怀疑自身以及生活的价值和意义，感到没人能帮助自己，虽然一切看起来还好却感到没有希望，意志、思维和行动能力也相应地减损。在我们现时的社会，在我们周围，你会发现大量处于这种慢性自恋创伤中的抑郁者。

综合上述，不共情就是无视他人的需求，不共情就是无视他人的痛苦，不共情就是无视他人的兴趣和喜乐，总之不共情就是无视他人！而无视他人的恶果就是你在他人生活中的本质是无用、不存在，甚至更糟，就是你对他人心理和情感的销蚀伤害！如果整个社会都不共情，那么也可以说社会是损害个体的，也是损害人群和自损的！所以不共情会损害人的精神健康和活力，会抑制人的创造性，最后毫不夸张地说不共情会破坏人类的文明进程。

　　那么救赎之路在哪里呢？我们怎样才能踏上救赎之路呢？共情是一种能力！一个共情的人势必是一个比较成熟、健康的人，势必有较坚实的自体和稳定的自尊；一个共情的社会也势必是一个比较文明、开放而能保护弱者的社会。我想只有把人摆到生活的中心位置，才有出路可走。让所有的事、所有的目标服务于一点，就是使个体成长发展为一个真正的人。

2022 年 3 月

第三部分　一点专业思考

心理咨询与治疗关系和社交关系的不同

　　我做了二十年的心理咨询与治疗工作，因为是个咨询师，总免不了被亲友和熟人咨询一些问题。如果单单是知识性信息性的问题，那都好办，我都尽心尽力地回答和帮忙。但情况往往不这么简单，这其中有些人希望由此得到更多的帮助，这时我就需要一而再、再而三地说明心理咨询与治疗行业的特殊规则，熟人之间不能实施咨询与治疗，换言之，心理咨询与治疗工作中不能有双重关系。并非咨询师冷漠不讲人情，而是因为心理咨询与治疗工作的本质特性决定的。一旦有了双重关系，其实就无法工作或者工作就无法起效了。著名精神病学家和心理治疗专家许又新教授在谈到心理治疗的操作定义时，特别强调了心理治疗是在原不相识的两人之间进行的，一个人出现了心理困难来求助另一个人，当然被求助者需要受过专业训练。因心理咨询与治疗触及的是人最深层的想法和情感，咨询师和来访者往往会在工作中产生深刻的信任，会形成牢固的工作联盟，也会萌生真实的情感，但决不允许发展出专业关系以外的社交关系，即便在咨询与治疗结束后，为了不污染和影响到已取得的工作成果，也不允许有社交往来。心理咨询行业的这个规定对外行人来说不太好理解，大家会想：医生可以为熟人治病，你们怎么不行？不行在哪里？虽然你用最通俗浅显的语言进行了解释，对方好像也听进去认可了，但你分明看得出来，对方还是感到被拒了。要是只到这里也还好，就怕碰到那种不管不顾和执拗的人，任你怎样三令五申，还是一再地找到你，或者假借请教问题和聊天的名义，实质是索要咨询与治疗意义上的帮助。这种情况很是棘手。因为我同时在大学里执教，还有一层老师的身份，而老师总天然地有解惑之责，尤其在我们的文化中，尤其是我开的课都与临床心理和个人成长有关，这就带来一个问题或挑战，学生经常会由课程内容联系到自身，会以知识提问的表面形式进行实质隐匿的心理求助。回答这些问题需要谨慎，需要剥离分辨和掌握好分寸，也少不了拒绝。我知道这种拒绝没错，是必要的，也体尝过被拖入和卷进包裹在提问中的心理问题的疲惫无措，但作为老师在拒绝学生那一刻我心里仍不免会有一丝冲突和内疚，所以我经常遇到这种困境，对这种困境也感触最深。近年来我看到周围有大量的人心理健康状况不佳，非常需要专业帮助，但人们却认识不到这点或者认识到了也不去求助。很多人幻想着通过社交关系和谈话来缓解解决自己的心结，还有人觉得要是跟咨询师交上朋友就可以近水楼台地随时获取帮助，这些想法都是错误和行不通的。老有学生和熟人问我，一定要去做心理咨询和治疗吗？我的回答是，是的，一定要去做！如果你的创伤很深，你的问题不是只想获得一些信息和专业知识方面的指导,如果你有深埋的心理冲突和关系困难,如果你想得到真正的帮助和改变,就一定要进入到一段专业的咨询与治疗关系里。虽然还有其他的成长和改变之路,比如内观,比如禅修,比如读书和创作……但起码你想用社交关系来代替治疗关系,用跟治疗师做朋友跟治疗师聊天来解决问题的想法是行不通的。这里我想感性形象地做些讨论,可能不够严谨,但是我多年来的观察、体会和思考。

一、不健康社交关系的一些特征

这样的标题不准确,所以先要做个说明。其实我想说的情形是一些有心理问题和困难的人,本该到专业关系里去寻求帮助,但由于文化习性、认知偏差、病耻心、不自知和经济考虑等原因,使他们最终采取从社交关系中索要心理帮助。其中少部分人有清醒的意识,这样的话情形还不至于太糟,但大部分人对此是无意识的。这时社交关系就承载了其无力实现的咨询与治疗索求,就会让给出方疲惫不堪难于应付,结果常造成关系的中断或破裂。不管给出方是不是专业治疗师,都无法有好的结局,只不过一个治疗师碰到这类事时会多一份觉察,会看清这关系的实质,会知道彼此之间发生了什么。而其他人可能就很困惑,到底也不明白真相,往往防御性地给出一个虚假的理由(对外界也对自己)作罢。所以我这里说的不健康的社交关系,是专指这种在社交中索求心理帮助的关系,其中一方的心理健康程度较低是索取者,另一方的心理健康程度高些是给出者。

不健康的社交关系是有迹可循的，从感受的层面说最显明的特点是不舒服。我们都有这样的生活经验，就是跟有些人接触和交往很不舒服。如果你的心理比较健康，那么使你不舒服的人可能多少有些问题，但如果你自己的内在状况也很糟，就不好得出这种判断了，因为不健康的心理经常会歪曲事实和关系。发生问题较早的有缺陷性困难的个体在关系中更可能成为索要者，他们常常功能更弱，更没有界限，也更多地陷入关系困境。而早期发展较好较健康的个体常常在关系中担当给予者，他们有比较坚实的自体和稳定的自尊，有基本的共情能力，能够在情境中包容和同情他人，也容易成为索要者潜意识搜寻、盯牢的目标和拿取、依赖的对象。从一个更为人本的寻求实现的视角来看，其实一切关系尝试都是个体试图发展、疗愈其内心的努力，受伤的个体本能地时时寻求着解救和帮助，他们下意识地抓住每一个与其交往的人，像抓住救命稻草，期待着这个人能给予他满足他，成为他的好客体，甚至觉得这个人该把以往的缺乏和亏空都补给他！借用一句精神分析的语言，这时关系中的索要方已完全把对象移情为自己的养育者。这在受伤者是自然合理的心理现实，放在治疗关系里也是可料之事，甚至常常是治疗师欢迎的工作契机。但是，在一个成人的世界中，这种抓取和期待显然不符合社交礼仪和规范，是讲求互报的社交关系所无法容纳的，被抓取和期待的人也终将不堪重负无法胜任，就是说想用社交关系解决心理问题或想在社交关系中治疗性地使用对方终究是行不通的。不管是不是一个治疗师，当在社交关系中被治疗性地使用时，你都会本能地感到不舒服。这种不舒服的感觉一开始可能隐蔽而模糊，但随之会变得清晰和强烈，直至最终不可忍受！

在社交关系中，当给出方被治疗性利用时，通常会产生以下不舒服的感觉。

1. 感到相处起来很累

这种累是体验、感受层面的，而非意识和理性层面的。你可能无法理解这种累，甚至想要否认这种累，觉得没道理。这跟交谈的内容无关，并不是话题艰深所导致的。若是用心体会，你会发现跟有些人交谈，即便说的是最无关紧要的闲话，也能使人疲惫不堪。还有就是对方处处表现得周到得体，真可谓无可挑剔的好人，但不知怎么与其相处就是轻松不起来。这是因为在社交中，一直都有两个渠道的信息交流，明确可见的意识渠道和不易察觉的潜意识渠道。社交关系中健康水平低的索要方由于其内在冲突和病态防御，意识语言和潜意识内容经常不一致，而往往其潜意识信息才是真意和实质所在，所以只要关系中有潜意识的索要和拿取，则无论给出方处于何种表面情境都会感到被消耗。这种索拿尤其会发生在有自恋问题的自我中心者身上，这样的个体在社会生活中很多是成功和优胜者，他们善于适应异化和恶性竞争的环境，是所谓社会适应良好和高功能的一群。他们缺乏共情能力，冷漠自私，不关心他人，但这些都被光鲜的外表所掩盖。对特权和资源的掌控及运用，使他们虚假的自体看起来无比强大。所有人都坚信这样的强者能够给出，但事实上他们在关系中却是剥削和抢夺者，并且剥削和抢夺得十分隐匿。这情形常使人困惑不已：为什么跟如此优秀的人相处还会这么累?!一种最常见的错觉或解释是优胜者让普通者生出了卑怯，而真相却是强大的人竟为索要方，低微的人才是给出方！

2. 感到被控制

在关系中当你被治疗性使用时，会有被控制感。虽然对方保持了表面的礼貌，在语言上很客气，但实质却非常不客气！这种控制主要是对话题和角色的掌控。对方总有法子让交谈围绕着自己感兴趣的话题，你基本没有转换话题的机会和可能。如果你是一个治疗师你会洞悉到，这些话题牵涉或直指对方的内心冲突与现实困境。这些讨论一般都很费时和深入，直到对方无论就内容还是情绪都感到满足为止。好吧，你想这下可以说点你感兴趣的事了，但你立刻会受到挫折，对方这时在情绪上已表现出敷衍和疲劳，已无法维持交谈的注意力，种种非语言信息提示你，谈话该结束了，你只好知趣地打住。你形象地觉得对方像从你这里找到了想要的东西，一分钟也不愿意多留。当此种情形固定为交往的模式时，你终于看清对方只是一个索要者，称不上交谈者。另一种被控制感是发现你渐渐充当了对方指派的角色，当然这个过程是潜意识的。这里信任是一个让你就范的工具，如果你是一个治疗师你会明白这种信任其实是一种依赖。对方经常基于信任来要求你，也经常基于信任派给你一些任务，而你大都照单完成了。你感到不知怎么就被拽进对方的生命脚本，不由自主地扮演起某些角色，要帮忙分析，要给出建议，要共情倾听，还要支持安慰……总之是一个随时可用的全能客体。再者，如果你们在生活中有更多更深的交缠，可能还需共同处理一些社交事宜，此时索要者常表现得比较强势，会不顾别人的感受单方做出决定，这种自作主张说起来是为别人好，实则是强求别人执行自己的心意和安排，以达成其不成熟的防御和缺乏弹性的内在秩序。

3. 感到被无度占用和打扰，感到被剥削

社交关系中的索要方在经过了最初的试探性拿取后，通常会得寸进尺。他们变得更为退行和依赖，几乎会随时随地索要帮助。我遇到过这样的学生，在生活里也见识过此类情形。这些索要者大多是自体涣散的有自恋困难或边缘问题的人，由于内在长期的缺乏和不稳定，极易陷入到黏连不清的关系中。在心理上他们强烈希望与客体融合，恨不能寄生在客体身上，让人感到被侵占被剥削。这种侵占和剥削有两种，在时间上：索要者会随时造访求助，不分早晚地打电话，没有征询和预约，毫不顾及你方便与否。无论面谈还是电话都耗时过长，甚至一天中能为同一件事重复打好几个电话。还有就是会按频次规律地邀你"聊天"，比如一周一次，每次大约两小时。如果你是专业治疗师你不难知道这通话的实质意味，即便不是治疗师，长此以往你也会于潜意识中获得某种洞悉——对方在治疗性地使用你。在情绪上：会无度地索要情感支持，会不能等待地向你转嫁和宣泄负面情绪，把你当成情绪转换器，甚至会隐匿地传达对你的不满……做这些时，索要者处于一种分裂的非理性状态，完全丢掉了社交礼仪和规范，通俗地说就是过分和不妥到让人无语！此刻的索要者似已完

293

全退变为一个婴孩儿,只顾抱住乳房猛吸。处于非理性状态的索要者甚至不能会意社交性的躲避和拒绝,常让人感到纠缠不休,无法摆脱。无论我自己面对这样的索要者,还是在社交中看到此类索要行为,我总会"很精神分析"地联想到一些词语和画面,比如不由分说,长驱直入,入室抢劫,风卷残云,扫荡一空,满载而归。又比如给出者像被索要者揣在兜里的物件,可随时取用,真可谓召之即来,来之能战,战之能胜,挥之即去。我想这些联想足以能描画出被无度占用、打扰和剥削的感受。

4. 感到被侵入和打探

当社交关系变得比较单向和失去平衡时,很多看似平常的互动也改变了原有之意。正常社交中的自我暴露遵从互报原则,私人信息暴露多少一般与关系深度成正比。交往双方循序渐进地增进了解和友情,信息交换的内容、量和速度以让彼此舒服为宜,就是说健康的自我暴露既能促进社交亲密,又不至于威胁心理安全。当在关系中被治疗性使用时,你会发现守住自己的边界成了一件难事。索要方会变着法儿地撕咬界限,让你深感不安和无措。第一种方式是用自身的过度敞开来迫使你暴露,不是专业治疗师的人常招架不住,被逼就范。对着一个毫无共情能力的人谈论自己的隐私不会有好体验,给出者常常后悔不迭。在索要方的幻想中,如果彼此都不讲界限,就能更好地黏连依赖,所以你的自我暴露象征了某种接纳和允许。第二种方式是深入询问你对某事的看法或观点,通过具体细致的讨论,索要方知晓了你很私密很深层的态度和情感,通常也在对这些态度和情感的溯源中,夹带地知晓了你很多故事和经历。第三种方式是跟你探讨相近的生活处境或难题，比如你们都单身，比如你们都读博，比如你们都面临评职晋级。通过打探你的应对方式和心路感受，索要方缓解了孤独感，获得了可对比可参照的认知和体验，在内心状态和外在现实两方面都受益颇丰。第四种方式是假借关心的名义探听，比如问候你的身体呀，关心你的近况呀，探询你某件事情的进展呀，通过此类交谈来获取想要的信息。上述的自我暴露与正常社交中的相互倾吐全然不同，不管是不是治疗师，你都会本能地感到这并非是你的需要，而是索要者的需要。索要者想知道你的一些信息也不是出于关心和友情，只是因为这信息有用。这种对私密信息拿取性的"用"，在象征的意义上，是对一个人基底和内核的吞吃，所以比之其他的侵占剥削，往往会让给出者更感受伤。

5. 感到被攻击

在不健康的社交关系中，你会经常感到被攻击。这种攻击在语言和情绪上都有体现，情绪上的感受可能更多。在意识层面的语言攻击，一个是索要方不共情的评判和指责，另一个是索要方知道你很多个人信息，其中不免有你的短板和软肋，而这些往往成为被攻击的靶点。情绪上的攻击复杂多样，在经过了建立关系的初始客气后，你发现你的朋友变得不同起来，就是说索要方锁定你为拿取对象后，随之会把很多负面情绪移情性地投放给你。你逐步发现要承担忍受对方的坏脾气，与其相处，你也常被激起强烈的情绪，你会感到焦虑、恐惧和愤怒。你发现即便谈论观点一致的话题也不愉快，因为对方正在潜意识地施放攻击，而你也潜意识地接收到攻击。索要方的攻击性通常强烈而弥漫，主要源于其有缺陷的自体和内在的不舒适。索要方大多运用一些极不成熟的防御，比如原始理想化和原始贬低、分裂、投射性认同……这使其不能连续稳定地去感知和看待客体，就是说索要方一时觉得你特别好特别可信赖，一时又觉得你特别坏甚至心怀恶意。一时将你奉为完人，一时又将你贬入尘土。但凡一事不称心，在情绪上立马会反转，这就是你觉得对方喜怒无常的原因。你模糊地感到，对方似乎总不大高兴，无论你多小心多注意，似乎总不能令其满意。如果你是一个治疗师你会明白，只要走近索要者，就会被移情为怨恨和攻击的对象。索要方早年被其重要关系人情绪虐待，作为受害者虽然在意识层面痛恨施虐，却又会无意识地向攻击者认同，在时下的交往中不断虐待关系客体。所有这些都让给出方在相处中感到忐忑不安，感到捉摸不定，感到备受攻击和折磨。

综合上述，不健康的社交关系是不平衡和没有互报的。作为给出方，你潜意识地知道这个朋友于你是不存在的。形象地说，在生活中对方能找得到你，你却找不到他。慢慢地你也接受了这种投射，对方可以来用你，而你却不能去用他。久而久之你甚至都想不起要找他用他了，你们的所谓交往完全成了一方拿取一方给出的单边关系。

二、社交关系无法起到咨询与治疗作用的原因

较为健康的社交关系中包含一些心理治疗因素，比如共情、

友爱、问题讨论、相互支持和安慰。应该说倾斜的不健康交往中也含有疗愈性，给出方会提供帮助，会满足拿取方心理上的诸多需求，这成为拿取方抓紧和维系关系的重要潜意识动力。但这种疗愈性非常受限，因为在社交中很少有挑战防御的对峙，所以给出方的帮助一般无法冲破拿取方病态模式的束缚，换言之给出方的帮助只能在支持拿取方防御的前提下进行，至于撼动根本的对拿取方人格和行为的矫治则不可实现。而通常的情况是，拿取方在关系中的破坏倾向使这种有限的疗愈也不得保持，随着双方关系的中断和破裂，滋养和支持性感受往往最终并没有形成具有纠正意义的好经验，给出方的帮助和付出仍然被病态防御解释成恶意伤害。社交关系无法起到治疗作用的最主要原因是不能给出真实的反馈。而只有凭借真实的反馈，拿取方才有可能反观自身，才有可能走上内在的自我探索与改变之路。反馈开启了拿取方的自我观察，使其知道了自己带给别人的感受，渐次看清了内心真实的潜意识，看清了关系的本质。如果有好的资源和领悟力，拿取方还会从环境与个性两方面达成自我理解，通过回忆生活经历把自己连接起来，会为所遭受的创伤和丧失进行哀悼，逐步放弃或至少收缩一些病态失效的防御，慢慢尝试新的更健康的情感和关系模式。这就是深度心理治疗的概略路径。而社交关系的性质决定了其无法真正或完整地容纳上述过程。

1. 无法给出具有现实检验作用的真实反馈

稍有生活常识的人都知道，有些真话在社交中不能说。碍于社交礼仪和规范，较健康的一方虽然能给出时间、精力、陪伴和建议等，却恰恰给不出最具帮助性的真实反馈。这有两种情形：比较少见的一种是给出方为心理治疗师。此时的给出方对关系和拿取者都更具洞察力，既能体察到自己的感受，又能看清拿取方的某些内心和行为实质。而且因为受过专业训练，其对拿取方的感受（用专业术语说就是反移情）应该是最少防御、最具现实检验性的。但这些却都不宜在社交中告知和表达。作为给出方的治疗师所能做的只是尽量减少关系卷入，设法阻断病态互动，免受更多的无谓消耗而已。另一种情形是绝大多数的给出方不是专业治疗师，这时的情况更为复杂和纠缠。由于我们的文化传统和缺少边界的交往习惯，不是专业治疗师的给出方通常会很防御，很难确认关系中的负面感受。这时给出方就不仅是碍于社交礼仪无法言明，而是根本不允许那些不好的感觉进入到意识里来。给出方更愿意去做个好人，唯恐伤害拿取方，或者给出方也有些自恋不足，很看重、不想辜负拿取方的信任。这样，给出方往往就潜意识地配合了拿取方的病态关系模式，直到事态愈演愈烈致使给出方的防御失败，直到被剥削被侵犯的感觉使给出方忍无可忍。

2. 没有治疗设置所提供的安全感，没有一个受保护的空间

心理咨询与治疗最基本的要求就是保密，除非一些极特殊情况，咨询师不得向任何人透露来访者的信息。拿取方在治疗性地使用给出方时，一般会表现得比较信任。因为要取得给出方的理解和帮助，需要提供、说明内心和环境两方面的背景，需要讲清事情的来龙去脉。在急于求助时，拿取方冲动之下会过度暴露隐

私，虽然其得到了给出方的保密承诺，但事后往往会后悔和担心。由于拿取方没有坚实的自体，情急时的自我暴露通常会带来延迟性的自恋受伤，那种"丢了面子"的羞耻感会长久地盘踞于内心，挥之不去地啃食其虚弱的自尊。同时因为缺乏内在安全感，双方在关系中又有多重交集，拿取方就更加担心自己的隐私被传播，结果通常会投射性地捕风捉影，把无关的社交场景领会解释成被洞悉的端倪。认定受伤的拿取方会爆发自恋愤怒，或者在现实中伺机去攻击给出方，或者去打探给出方的弱点和隐私，以求互换性地将给出方也置于自尊劣势的心理境地。整个互动的过程中，拿取方确实得到了一时一事的具体帮助，但因为没有像心理治疗那样的设置性保护，拿取方不可能获得真正的安心感，也很少能培植起这种安心感。在被歪曲的感受层面拿取方会再次体验到创伤。而在此过程中给出方也同样受伤，不管给出方是不是心理治疗师，只要与拿取方同处社交情境，只要与拿取方有社交性的个人信息互换，就很难躲避攻击。而且面对复杂的关系场景，尤其是在有现实利益的交错时，不管是不是专业治疗师，都很难不被防御干扰，做到完全保密。所以心理治疗的专业设置，真的对咨访双方都是一种保护，既保护来访者的隐私不被泄露，也保护咨询师把工作与生活分开，将来访者对咨询师的攻击限制在设置的时段和框架之内。

3. 社交关系中不允许有更多的试错

在从病态逐步迈向健康的过程中，心理咨询与治疗是一个安全、包容的实验场。治疗师允许、欢迎来访者表现出各种真实，以便进行全面准确的评估。通过来访者施加的感受，治疗师更为真切地领会到来访者的问题，在体验上明了了其在治疗室外的关系困境。无论是过度依赖、抱怨指责、反复无常、冒犯无礼还是被动攻击，都是治疗师理解和帮助来访者的契机。当然所有这些承受起来都不容易，都不会愉快和好受，但是却不会破坏治疗关系，因为所有这些都是工作的素材，是心理治疗的应有之义。社交关系不同，社交中约定俗成的礼仪和规范潜意识地形成了双方的心理契约。人们在社交中追求愉悦，在事务和情绪情感两方面都要求互利互报，当达不到彼此的期望时，社交关系即告失败，双方随之会疏远、断联，通常没有知会和包容的义务。不健康的拿取方没有成熟行事的能力，他们想用错误的方法得到正确的结果。但在社交中，没人会像治疗师那样成为一面镜子，不仅供来访者照出自己的错误，还允许其一遍遍试错，讨论尝试新行为的可能，提供尝试新行为的机会，直至达成基本的修通和改善。心理动力学的团体治疗对此尤为有效。社交关系中的给出方就算善良、有爱和宽厚，一般也事不过三，不会允许拿取方一再试错。即便给出方是一个治疗师，在理性上能够理解拿取方，也大多会选择自我照顾，回避不快和受伤的互动。专业工作者深知没有别的促成条件，社交中的迁就和忍让并不能使其发生积极转变。通常的情况是给出方因为忍受不了病态交往，最终被吓退和逼走。当然也有人留下，但留下的人往往是问题模式的配合者而非改变者。

4. 给出方无法承担起治疗师的角色

在心理咨询与治疗中，所有时间都用于来访者，治疗师知道来访者的方方面面，而除了专业训练背景和资质，来访者通常不知道治疗师的个人信息。心理治疗是深入人性和心灵的工作，治疗师可能是这个世界上最了解来访者的人，在长程私密的会谈中，咨访双方会产生紧密的连接。但说到底这是一种专业关系，或用我的话说是一种模拟关系，这种关系就像显影剂，使来访者的问题得以显现，进而被讨论和解决。因为咨访双方都不在对方的真实生活中，所以这模拟关系就算闹到天翻地覆，也不会殃及彼此的现实。或也唯因如此，治疗师才可以展开工作。当然，说给出方无法担当治疗师的角色，确实也指其没有受过专业训练和能力欠缺，比如抱持不够，缺乏对自身情绪和防御的觉察，对拿取方形成不了概念化的理解等。但更主要的是说社交关系使给出方不能履行治疗师的职责，即便是受过良好训练的治疗师在社交中也无法工作，这跟外科医生在手术室外无法做手术一样。前述三点对此其实均有涉及。只有把治疗师和来访者的生活隔离开，即只有在不牵涉不损害双方现实的模拟关系中，治疗师才能施展身手，给出真实反馈，对峙病态防御，直面治疗关系僵局，允许并与来访者一同试错。而一旦撤掉治疗设置这个保护性屏障，让给出方与拿取方同处一片社交水域，则无论给出方是不是治疗师，都会因种种顾忌与束缚，无法实施治疗性帮助。很多人误以为治疗师不肯为熟人做咨询是因为不好计费，现在我们知道了这不是主要问题。那还有人会问：爱不是最具治疗性的吗？难道我们不能借助生活不能借助人与人之间的爱来疗愈创伤吗？不错，爱是疗愈之本，但实现具有治疗作用的爱是一个复杂的过程，不单是一颗良善的心外加一个美好的愿望就能行。爱是一种能力，也是一种艺术，尤其这种矫正扭曲和病态的爱，它需要专业工作者在特定的设置中去完成。

2022 年 4 月

在心理咨询与治疗中运用弗洛伊德的释梦[*]

梦的解析是弗洛伊德的首创,也是精神分析学说的有机构成部分和咨询治疗中的重要技术。100多年来,心理治疗领域学派纷呈,对梦的研究也不断深入、丰富,这可见于其他流派的创建和学理解释。然而,如果我们沉静地回顾弗洛伊德有关梦的原著,忠实观察、品味来访个案,我们会发现,弗洛伊德的释梦纵然经典或有局限性,但在相当大的范围内,即在某些来访者的某些问题中,却仍不失其智慧洞见之魅力,他的理论和方法依然指引、照亮着我们的临床实践,使我们能拨开迷雾,破除阻抗,曲径通幽,提高效率。笔者体会那些处在障碍阶段的、症状较明显且较严重地压抑了性和攻击欲望的来访者更适合弗洛伊德的释梦治疗。本文报告了笔者在三例个案(为保护梦者隐私,已做必要修饰)中对弗洛伊德释梦的运用,呈现了其对咨询治疗的特别帮助。

---

[*] 本文发表于《上海精神医学》2006年第6期,第377–379页。

个案一

一般资料：这是个二十多岁的女孩儿，大学毕业，是我带领的一个短期结构式成长互动小组的成员。她的困扰是很难喜欢同龄男生，一直不能去交同龄男友，却经常对一些已婚男老师产生爱慕。由于这种情感无法实现，她感到挫伤、压抑。这女孩儿生活在一个幸福的三口之家，从小到大与父亲关系紧密，她说与母亲也很亲近，只不过觉得妈妈更像是她和爸爸的保姆。

从精神科诊断视角的考虑：该女孩儿社会功能良好，属一般心理问题，构不成精神疾病诊断。

心理动力学评估：核心冲突是俄狄浦斯冲突，即未完成的恋父情结。超我过强，自我功能较弱。主要的防御机制为情感隔离和合理化。

咨询过程：因为是团体咨询，所以主要通过一些有计划的活动、借助团体动力（开放包容的氛围和团体特有的多重移情关系）使其觉察、领悟自己的问题模式，触摸到内在情结。

咨询过程中对释梦的运用：在一节自由联想单元活动中，这女孩儿报了一个梦。梦中她与一中年妇人在二楼的房间里，正对着的也是个二楼的房间，有个男人在里头。从对面房间的窗户处伸过来一根树干，搭在她们的窗台上，像桥一样。妇人命她去砍断树干。这时梦者又看到院子里有许多美丽盛开的花儿，而那妇人下去把花儿都掐断了，女孩儿气愤地问为什么将花儿毁坏，妇人答曰把花儿掐断花儿就不会凋谢了！

这是一个充满象征的梦，房间代表女性，树干代表阴茎，窗户代表阴户，鲜花代表处女生殖器。

这个梦使我想起女孩儿在另一节表达性单元活动中画的画。那是一幅家庭动力图，之所以让我印象深刻是因为画中一处颇具意味的涂改。她开始画的是自己与父亲隔桌下棋，母亲在背后的沙发上看电视。但轮到分享时，母亲却被涂掉了。大家问为什么，她说沙发的位置画得不太对所以就涂了。

基于对其成长背景的了解，加上那画引发的灵感，当她向我求解梦意时，我便只用象征法简略地做了解释（当时的团体情境不允许有充分的梦工作）：那妇人是母亲意象，那男人是父亲意象，梦者对父亲有性欲望，梦到了伸过来的树干，梦者也感到了来自母亲的阻碍、压制和敌意，所以梦到妇人命她砍断树干。关于花儿的部分透露了梦者对性交的恐惧，透露了其既想盛开又怕盛开的矛盾心理，通过移置作用，借妇人之口说出了深藏的不敢真去恋爱的隐意，梦者在生活中老是喜欢上已婚男人，这爱虽不能实现却也没有危险。此梦比较清晰地呈露出未完成的恋父情结。

咨询效果：梦者同意和接受我的解释。后来这女孩儿说上述释梦给了她很大震动，并因此决定去寻求一段个体咨询，以达成较深入的自我探索和改变。

个案二

一般资料：这是个大学一年级的男孩儿，利用寒假来求助几次。他主要的烦恼是非常害怕会在人前排气（放屁），到医院检查并无肠胃疾病。这使他不敢在同学密集的教室上自习，不敢坐在前排和离人近的地方，旁边有男生时这种恐惧尤甚，每天上课都紧张地只用半个屁股坐椅子，大部分心思放在控制自己的排气上，非常痛苦。我问他以往是否有过在人前排气的难堪，他回答从来没有，说症状始于初中后期，但一直可应付、控制，这半年到外地上大学后加重。了解他的成长史后得知，他小时与父母一起生活，父母均为工人，父亲脾气有些暴躁，对他管得较严，要求他对人有礼貌，做事讲规矩，在人前要坐有坐相、站有站相。这男孩儿自幼内向，不大和同龄的小朋友玩耍，懂事、不惹事、听话。与父亲相反，母亲对他呵护备至，他依赖母亲，上大学前从未离开过母亲。同寝室的男生常说他像女孩子，他在他们当中自觉处处忍让，一块吃饭虽不情愿但每每掏钱结账，想用电脑也抢不过别人，遇到谁开他玩笑更是不会应对……他最大的乐事就是每周与母亲通一次长途电话，都是等寝室里没人的时候向母亲诉苦，一聊就是半天。

从精神科诊断视角的考虑：强迫意向，伴有焦虑，属神经症性障碍。

心理动力学评估：前俄狄浦斯期问题，核心冲突为对攻击冲动的压抑。本我、超我均很强，自我功能弱。主要的防御机制是投射和反向形成。

治疗过程：此个案运用折中的方法治疗了七次。在对症状的认知改变上，采取了森田疗法——"有就让它有去"的顺应自然的不抵抗态度；同时运用一些动力学的病理解释，让来访者看到自己被压抑到潜意识中的愤怒、委屈和敌意，结合梦的分析，鼓励其在关系中要敢于表达真实的想法和情绪，逐渐学会面对、处理不可避免的人际冲突。

治疗过程中对释梦的运用：第四次治疗时来访者报了一个梦，梦见自己在跟一桌男生吃饭，有七八个人，突然他手里出现了一根橡皮管子，那管子里冒出的不是水而是一种烟雾，然后那些男生就都不见了，对面换成了他喜欢的一个女老师。

我请他就梦中橡皮管子里冒出的烟雾做联想，他想到了毒气，我问他这毒气与屁是否有关，他则忆起幼时（大概三四岁时）的两件事：一件是有一次病了妈妈带他去打针，他照例疼哭了，但过后他告诉妈妈，打针时他放屁崩了那个护士阿姨；另一件是有天晚上他睡在大床上爸妈的中间，他对着爸爸放了一个很响的屁，就把爸爸崩走了，留他在大床上和妈妈温暖舒适地在一起（现在想来那晚他的爸爸肯定是有事走开的）。

这是一个攻击欲望得以实现的梦，与他的症状异曲同工。来访者由于从小被母亲过度保护，缺乏社交能力，在人际关系中积累了大量不快和委屈，所以潜意识里充塞着对外界（尤其是男性）的敌意，遂潜意识地欲用幼时曾"奏效"的攻击方式——放屁。梦中橡皮管子里冒出的烟雾是放屁的象征表达，但因来访者的超我又很强，所以经过反向形成的化装变成了"怕放屁"的症状表现，女老师是母亲意象，怕放屁（怕去攻击别人）正是想放屁（想去攻击别人）的防御！

当我们共同完成了对这个梦的分析，来访者恍然大悟，终于理解了自己的症状,并说明白了症状的真意使他轻松了许多。接下来的三次治疗重点探讨了应如何去学习发展建设性的人际关系。我启发他只有在关系中体会到安全和快乐,才能减少心中的委屈,消除对周围环境的敌意,症状自然也就无立足之地。

治疗效果:来访者自觉治疗很有帮助,返校后还给笔者打来一次电话,报告说症状消减了许多,并表示要努力巩固治疗成果。

个案三

一般资料:这是个将近中年的男性来访者,私企老总的司机,有温柔的妻子和可爱的女儿,目前一家三口与他年迈的母亲一起生活。他自述青春期后自己就有一毛病,心情不好时常会涌起攻击和伤害他人的冲动,但从未付诸行动,且这种情形每每随心情的好转自行消解,所以并未在意。但近半年这毛病变得严重起来,这种冲动的强度和频度都在增加。一次他与老总起了一些冲突,开车行驶在路上,特别想下车随便拉住一个人狠揍一顿,这种念头如此强烈逼真以致他真怕控制不住自己,惊出了一身冷汗。后来他将车停在路边,打电话叫来了妻子,在妻子的陪伴安抚下才渐渐松弛下来。来访时妻子陪同,他神情抑郁,痛苦不堪。了解其成长史得知,来访者的父亲是个暴君式的人物,他小时候,父亲经常打他和他的母亲,母亲是个迂腐遵守妇德的逆来顺受者,经常告诫来访者父亲打他是为他好。来访者说他记得清楚,十三四岁时,有次他回家晚了些,刚一进门酒后的父亲即劈头砍过来一个板凳,来访者躲闪不及被打中头部,血流了出来,那一刻他头一次涌起了反抗的意志,他从抽屉里翻出水果刀决心向父亲复仇,但母亲在一边惊叫:"不行呀!伤天呀!"可他实在无法抑制心中的愤怒,他感到必须去毁坏一些什么哪怕是毁坏自己,否则会气炸的,于是他把已举起的刀子扎在了自己手背上。说到这里,他让笔者看手上至今可见的疤痕。

从精神科诊断视角的考虑:强迫意向,属神经症性障碍。

心理动力学评估:前俄狄浦斯期问题,核心冲突为对父亲的怒惧冲突,仇恨与攻击欲望被压抑。本我、超我均很强,自我功能弱。主要的防御机制是反向形成和置换。

治疗过程:此个案运用折中的方法治疗了六次。首先告诉来访者这种症状的特点是攻击冲动不会转化为攻击行为,使其焦虑恐惧的情绪得以缓解;在思维观念上,采取森田疗法的态度,顺其自然,愿想什么就想什么,该干什么就干什么;在行为上鼓励来访者要学习维护自己的权利,不再像以往那样老做违心的事;同时运用一些动力学的病理解释,结合梦的分析,启发来访者看到自己被压抑的仇恨和攻击欲。

治疗过程中对释梦的运用:来访者报告说大约半个月前,他做了一个梦,梦见自己用板凳砍死了父亲(其父已于几年前病逝,当时来访者已尽救治之力),并且在梦中父亲的葬礼突然切换成他的婚礼,变成他迎娶新娘的欢乐场面。做了这个梦后,他特别忐忑、焦躁,甚至去问母亲父亲病危时他是否真尽了心,母亲一再向他保证他才稍感心安,但旋即又担心他是否会去伤害母亲、妻子和女儿这些至亲的人。

  我邀请来访者谈谈这个梦。我问来访者是否恨父亲,他说没想过,但觉得不该恨。虽然小时父亲打他,但他想父亲的心是为他好吧?!而且在他长大后父亲就不打他了。父亲年老后脾气也变温和了。再说他的生命是父亲给的,他怎么能恨父亲呢?!已经很清楚了!在被扭曲了的超我监督下,正常的仇恨从未被允许过。这种怒惧冲突导致他采取了一种置换的形式,攻击与伤害的冲动指向了陌生人,甚至指向了至亲和自己!只有在梦中能直抒胸臆,醒后又即刻自责不已。我请来访者就父亲意象再做联想,来访者说他想到了现任的老总。他说老总是一个十分暴虐苛刻的人,他除了不动手打人,其他简直是父亲的翻版!而这半年来,他们之间发生了好几次冲突,老总已让他难以忍受了。

  所以在梦中来访者的父亲与老总凝缩成了一人,而受了老总的气却想找他人泄愤正是他从前与父亲关系模式的再现。父亲是给自己生命的人,不能去恨和攻击,老总是给自己薪水的人,也不能去恨和攻击。来访者这半年症状加剧是童年创伤被触发的结果。

  治疗效果:来访者同意和接受上述释梦,在第三次治疗时情绪明显好转。第六次治疗时,来访者说自己虽有时还会出现攻击他人的冲动,但已不再像以往那样惧怕,说可以运用治疗所得较好地应对了,在日常生活中也逐步尝试着不委屈自己,注意满足内心的需求和愿望。他要求暂停治疗,表示日后若有大的波动会再来求助。三个月后随访,来访者情况维持较好。

弱者也可以表达

比较分析弗洛伊德和荣格的释梦[*]

在西方心理咨询与治疗的历史上,最为注重梦的信息和意义、对释梦所著最多的要数弗洛伊德和荣格。弗洛伊德和荣格曾经十分亲密,因为他们都对人类潜意识有着深刻的洞察和兴趣,但最终又各执己见,分道扬镳,因为他们对潜意识的内容及精神病理有着本质不同的看法。在与弗洛伊德分裂之后,荣格系统而稳定的思想体系渐次形成,所以荣格的释梦理论在某种意义上是以与弗洛伊德释梦的不同姿态对照出现的。虽然弗洛伊德也极重视梦的理论,以至于在《精神分析引论》当中,他把对梦的研究置于神经症之前,这是一种精巧的安排,表明弗洛伊德认为理解梦是理解精神分析病理学的更为容易和显明的切入点,人人都有梦的经验,却并非都有神经症的经验,而理解了梦也就理解了神经症。但相较于弗洛伊德,可以说荣格更是一个忠实的梦者,可以毫不夸张地说,荣格的一生就生活

---

[*] 本文发表于《学术交流》2010年第10期,第18–21页。此处为方便阅读去掉了摘要和参考文献。

在梦中，他几乎所有的灵感和重要的理论观点都受到了梦的指引，正像荣格自己说的："我的一生是一个潜意识自我充分发挥的故事。"如此看来，梦对于弗洛伊德的帮助更多是病理性的揭示，而对于荣格的作用则更具指引性，更具有人生的整体的意义感，似乎富含着更多的信息和宝藏。所以在分析比较弗洛伊德和荣格的释梦时，呈现在笔者心中的最初感受就是梦对于两位大师自身生活意义的不同，而这几乎也就决定了他们梦理论的不同。这不禁令人想起舒尔兹的说法，他认为"某些理论是提出它们的那些人的镜像"，笔者深深同意这个观点。

一、弗洛伊德与荣格释梦的理论要点

1. 弗洛伊德释梦理论要点

总的来说，弗洛伊德认为梦是潜意识愿望的化装满足，除了儿童的梦和幼稚型的梦外，其他各梦都不免经过多次化装。梦的化装通过梦的检查作用和梦的象征作用完成，化装使梦的显意与隐意完全分离开来，释梦则是要破除化装发现与理解梦的隐意。在把握了精神分析的整体理论之后我们现在已经知道，检查作用是人格当中自我与超我力量对本我的抑制，是压抑的实现，是精神分析的动力学（各种人格力量冲突争衡）体现。而象征作用则并非梦所特有，也非创自精神分析。象征作用表现了一种潜意识的语言与思维方式，弗洛伊德在其研究中发现，即使消除了梦的检查作用，我们仍不能对梦有真正的理解，即显梦也不能和隐梦还原一致，正因为还有梦的象征作用。梦使用的是原始或初级语言，是潜意识的语言，梦者虽知道如何利用象征，却不知道如何翻译，这就是我们的意识与潜意识或次级系统与初级系统的隔离！关于象征的知识可由神话、民间故事、俗语和各种风俗等获得。

梦的工作指完成化装的机制，即由隐梦变为显梦的过程。梦的工作机制有四种：（1）压缩作用或凝缩作用。指显梦的内容比隐念简单，好似是隐念的一种缩写体。压缩经常表现为形象压缩与言语压缩。（2）移置作用。指重者化轻，轻者化重。移置作用使显梦远离隐意的核心，使梦的重心被推移。（3）意象作用或视象化。指梦中的思想以视象的形式出现。（4）润饰作用。其目的在于将显梦合成一个连贯的整体，以使梦在表面上消除其荒谬和不连贯。释梦的方法或技术有两种：自由联想法和象征法。自由联想法指就梦引起梦者的联想，直到能发现隐念或隐念的代替物以求得梦的潜意识真意。象征法指运用治疗者或释梦者所掌握的象征知识获得梦的隐意。这两种方法在实际操作中是互补的。

在学习理论与咨询治疗实践当中，笔者认为要较好领会与运用弗洛伊德的释梦，还需注意以下三点：（1）梦的感情问题。弗洛伊德发现，显梦的内容，往往与所伴随的某种强烈情感极不一致和不相协调，这是因为梦的工作改造事实虽很容易，但若要同时改变隐念中的情感则非常困难，情感难以化装！（2）创伤的梦。即在梦中重现痛苦的创伤经验，弗洛伊德将其解释为潜意识对于创伤的执着，并承认在这种情况下梦的工作失败了。(3) 焦虑梦。焦虑梦的内容往往没有什么化装，好像已经躲开了梦的检查作用，但我们会发现，这样的梦总是伴有打断它们的焦虑即会惊醒，在这种情况下，焦虑代替了梦化装。

2. 荣格释梦理论要点

荣格认为梦根本不需要伪装，梦是一种自然而然的心理现象。梦没有伪装，没有说谎，也没有歪曲与掩饰，它们总是在尽力表达其意义。荣格的分析心理学认为梦是心灵这一自然之物的一个自然的治愈过程和完整性的一部分，梦向我们透露着自性化的信息，而这些信息与智慧不仅仅来自于我们个体的经验，它们是世代累积的人类共同的精神财富集体潜意识散发出的光芒。正因为梦运用了原型及原型意象的象征性语言，所以梦表达的意义才经常不被我们的意识自我认识和理解。荣格认为，梦对于自性化的最大意义在于它能够补偿意识心理的缺陷，或者矫正意识心理的扭曲变形。另外，梦的预示作用或预测性也为自性化过程作出贡献。

荣格的释梦特别注重以下几个方面：(1) 个人联想。指梦者对梦中意象所做的联想。但荣格的个人联想不同于弗洛伊德的自由联想，荣格认为弗洛伊德的自由联想远离了梦，它导向了对情结的发现，却丢失了梦的真意，所以荣格的个人联想是紧紧围绕梦意象关注梦本身的联想。个人联想发现的是与梦中意象有直接关系的个体经验与事实。(2) 放大。这是指对梦的超出个人性部分的理解，对梦中意象超出个人经验的扩展，也即对原型意象的辨认。主要通过对梦中出现的与神话、历史和其他文化产品中的类似象征进行分析，透视梦在集体潜意识层面上的意义和智慧。这需要梦分析者具备丰富的原型知识。（3）对意识情境的分析。指释梦时需要考虑的梦者当前（近期）的意识情境，如使梦者情绪激动的事、困扰梦者的难题等，以此注意发现梦对个体当前社会生活的帮助作用。（4）梦的系列。荣格强调梦的系列性，他把在时间上或内容上互相联系的一组梦称为"梦的系列"，在梦的系列中比在单个的梦中不仅可以更完整、更确切地把握梦意象的内涵，而且同时可以发现用意象语言表达的梦者的心理变化。而梦系列中的特殊情况梦的再现尤为值得注意。（5）分析者的态度。荣格坚持主张在梦的分析中没有固定原则，但为了最大限度利用梦的信息，不浪费梦的价值，他告诫分析者应注意一些基本态度。第一是分析者对梦的意义不能做任何事先假设。第二是分析者的解释必须能为梦者所接受，即必须根据梦者的人格特点来分析梦，强调分析者与梦者共同工作。第三是认识到梦虽然包含着重要的潜意识信息和智慧，但却不是一种简单的行动指令。

二、弗洛伊德与荣格释梦的区别和联系

如果只允许用一句话来概括说明弗洛伊德与荣格释梦的本质不同，笔者认为弗洛伊德的梦通向潜意识，而荣格的梦通向心灵的智慧。其实，荣格的释梦并非是对弗洛伊德释梦的绝对反动，而是对其的一种扩充，荣格的释梦观点吸收和融合了弗

洛伊德的观点，他并不排斥还原式的弗洛伊德的做法，只不过他更多地采用了积极补偿或构建式的做法。荣格认为，因果决定论的观点虽然能够揭示个体会做某个梦的原因，但是却不能为个体应该向何处去、应该做些什么才能有助于改变他目前的境况提供任何的启示；只通过梦寻找童年的精神创伤却忽略其对建设性因素或资源的启示，甚至会使治疗变成一种摧残。另外，弗洛伊德也认为，梦中涉及的象征知识可由神话、民间故事、俗语和各种风俗等获得，只不过他没有意识到这些象征所具有的集体潜意识意义，他"对创伤的执着"使他错失了探索集体潜意识的机缘，正像他自己说的："如果我们要正确说明各种象征的意义并且要讨论与象征概念有关的无数的而且大多数尚未解决的问题，我们距离释梦范围就未免太远了。"他在此止步！

弗洛伊德与荣格释梦的不同主要表现为以下方面。

1. 梦的实质

荣格扩展了弗洛伊德的个体潜意识概念，认为集体潜意识是心灵的本体，而个体潜意识和意识只是心灵的现象。弗洛伊德的释梦建筑在其个体潜意识理论之上，认为梦是个体潜意识的体现，它像神经症症状一样，表现了个体被压抑的潜意识愿望。而荣格的释梦建筑在其集体潜意识理论之上，认为梦不仅包含着个体潜意识信息，同时还包含着更为广大的人类集体潜意识信息，梦更多是集体潜意识的体现。由于集体潜意识内容不属于个体经验，集体潜意识始终不能被个体所意识，所以梦中包含着非个人性的内容，它们完全独立于自我和个人记忆，这也使得梦作为原型和原型意象呈现给意识自我的一种途径尤显珍贵。弗洛伊德的释梦通向的只是个体潜意识中的情结，而荣格的释梦更多所要探求的，却是集体潜意识对情结做了什么或将能够做些什么，即梦背后更加深远的原型和原型意象的意义和启示。

2. 梦的形式

作为一个本能理论家，弗洛伊德认为梦是一种化装满足，因为个体潜意识中大多是不被社会伦理和现实所允许的生物性欲望。而荣格却认为，作为一种集体潜意识的表现，梦根本不需要伪装。集体潜意识具有自主性、创造性和非个人性的特征，它通过梦直接而完整地表达其自身，"梦是对潜意识中的真实情境所做的一种自发的自画像"。荣格提醒我们不要把梦中出现的我们不认识的原型和原型意象简单地统统当作某种性的变形表达，而应该到更深远的人类文化传统中寻求其意义。

3. 梦的功能

弗洛伊德的精神分析是生物还原论的，在此框架下，弗洛伊德的梦也就仅仅通向病人的神经症病理，即弗洛伊德的释梦只是找到了神经症的创伤性原因。而荣格的分析心理学不满足于还原论，它同时具有指向自性化的目的性，所以荣格的释梦就不仅仅有病理揭示作用，它还提供了原型意义上的整合和自性化的人格成长方向。对立面或对立物的整合是实现自性化的前提，这是荣格分析心理学的精要，也是荣格在东方文化和道家哲学中所印证的核心思想。如何实现对立物的整合呢？荣格认为梦的补偿作用对此作出了特殊贡献，梦的最重要的功能就是实现潜意识对意识的补偿，其中包含着对梦者性格类型和行事态度的平衡。通过补偿功能，梦可以为我们纠正意识偏差，也可以为我们指明生活方向。在荣格的释梦中，梦的补偿作用还通过梦的预测性表现出来，而弗洛伊德对此的解释仍然是归于这种预测性吻合或顺应了梦者压抑的欲望。荣格所强调的梦的补偿性功能使我们能更充分地关注与吸收人类潜意识的智慧与玄妙。

4. 梦的解释

首先，弗洛伊德较注重客观层面的释梦，即把每一种梦意象都等同于真实的对象，或梦中的意象均要转换和指代为现实中的客体。而荣格则在看到梦的客观意义的同时更为注重主观层面的释梦，即把梦中的每一种意象都看作梦者自身人格的不同部分，梦中的不同意象指代着梦者相互冲突或有待整合的主体内部组成而非指代主体之外的客体。所以荣格的释梦更为关心梦者自身的内在状态。至于在释梦时具体应使用哪种方法，荣格提出了以下原则性的建议：(1) 当梦中出现的意象与梦者有着极为重要的利害关系时，梦意象大多为客观意象，一般使用客观的方法较合适；当梦中出现的意象在实际生活中对梦者无关紧要时，梦意象往往是梦者某部分人格的拟人化表现，应该采取主观分析的方法。(2) 一般来说，随着分析或自我探索的进展，梦的主观层面的解释会变得更加重要，因为在前期，主体与环境的关系已经被比较充分地注意到了，或主体已经对适应环境做了较好的调整，所以随着分析工作的进展，问题将主要集中于对主体内部世界的探索，即指向自性化过程中的自身整合。

其次，弗洛伊德认为，梦的象征具有固定含义，确切地说，梦意象是以一对一的形式代表着潜意识的（常常是性的）冲突。而荣格反对将梦中的意象看作有固定的含义，荣格的象征概念具有可变性。荣格认为弗洛伊德将钢笔、手杖、尖塔等梦中意象均解释为男性生殖器的做法是简单和牵强附会的，在他看来，意象所传递的是自身内在的信息而不是外表的形象，因为个体之间存在着很大差异，同一个事物在不同的个体那里可能代表着截然不同的意义。虽然荣格否认梦中意象具有固定含义，但他指出当某些意象具有原型意义时，则会是相对固定的。

三、当代荣格释梦的操作特征

笔者曾于 2005 年 9 月至 2006 年 1 月赴广州华南师范大学申荷永教授处访学，学习荣格分析心理学的理论和操作技术，其间对当代荣格释梦的操作程序和特征有了进一步的了解，突出的感觉是，当代荣格释梦除了仍很注重运用个人联想、放大、积极想象和关注梦系列以外，特别强调由梦引起的身体感受及其变化和整合。笔者认为这是后继荣格学者和分析家将荣格思想在释梦中更加操作化的标志。当代荣格释梦的概括程序为：（1）由梦者叙述梦；（2）分析者澄清疑问或就梦的细节提问；（3）分析者选取一至几个梦的场景；（4）进入梦的场景进行工作（可运用各种具体释梦方法）；（5）感受和体验梦意象的意蕴（主观、客观);(6)梦者观察、对比自己多极的身体感受,沉浸其中并形成身体记忆;(7)整合多极身体感受。身体感受是先于语言的最准确的潜意识表达,被离析异化了的思维和理性能够说谎,身体却不会说谎,所以身体感受成为当代心理治疗的出发点和落脚点。当代荣格释梦允许梦者多极身体感受并存,正表明着其容纳和拓展意识层次的努力,并且当代荣格释梦相信这些身体感受会在梦的工作之后自发地相互作用和吸纳,最终发生积极而有意义的转化,形成整合后的身体感觉。而这种整合后的身体感觉常常会伴随着意识水平的新的洞察和改变,也常常会伴随着一些有趣的共时性事件的发生。所以笔者想,即便我们没有条件去进行正规而系统的荣格式释梦,仅仅注意梦带给我们的身体感受就足以让我们受益,感受与记住这些多极的身体感觉,不贪恋,不排斥,等待其自身的转化和整合,这本身就具有"无为"的治疗意义。

四、在心理咨询与治疗中的选择性运用及思考

笔者在自己的咨询治疗实践中,深切地感受到每种咨询理论都各有所长,都有它的最佳或较佳适应症。没有绝对好的理论和方法,最好的咨询和治疗往往是所用理论方法、咨询师(治疗师)和来访者(病患)三者的协调匹配所促成。咨询师因其人格特点、背景渊源来选取某一种理论或综合使用某几种理论,感受、筛选与自己匹配即能为之提供更多有效帮助的来访者;来访者同时也在感受、挑选自己的咨询师,汲取适合自己、能帮助自

己的理论观点；而各种咨询治疗理论一旦创立，也就获得了某种生命，它也在选择其自身的实践者、继承者、改革者和发展者。笔者确实觉得一些来访者更像是弗洛伊德的病人，而另一些来访者更像是荣格的病人。那些处在障碍阶段的、症状较明显且较严重地压抑了性和攻击欲望的来访者更适合弗洛伊德的释梦治疗。这显然包括了广大的一群，因为与性相比，正像弗洛伊德所说，没有其他本能受到文化教育要求如此深远的压制，同时对大多数人来说，性本能也是最容易从最高精神动因的控制下逃脱出来的本能之一。

相对来说，荣格释梦则适用于包括日常生活在内的更广泛的情形。荣格释梦既能帮助来访者解决当前现实生活的冲突和困难，又能启迪其个性的完善。荣格释梦指向自性化的目的性，还能帮助许多来访者澄清与直面职业生涯和人生选择的困惑，鼓励来访者倾听自己内部的声音，使个体与人类千万年的文化历史相连接，起到激发潜能、规划生涯的发展性咨询作用。但在实际工作中，笔者发现国人梦中出现更多的不是希腊、罗马神话中的有关意象，而是一些与我们自己的文化传统息息相关的鲜活意象，如观音、佛陀，甚至聊斋中漂亮的女鬼。这是我们运用荣格释梦时必须要考虑和解决的一个问题。荣格及荣格学者研究了许多集体潜意识象征，但那多是西方文化中的典故和意象。如何发掘与利用中国的文化传统，潜心研究我们自己的历史故事、神话、传说和民俗中的典型象征，即逐步尝试、摸索建立符合中国人文化传统的象征词典，让那些涌入我们梦境的中华民族千百年来的非凡智慧更好地得到辨识，从而更充分地发挥建设性的作用，这是我们运用荣格释梦思想于我国心理咨询与治疗实践的一项重要工作。

存在主义治疗取向对高校心理咨询的启示[*]

一、简介存在主义治疗取向

存在主义治疗概念是在 20 世纪四五十年代,同时出现在欧洲一些心理学家和精神病学家工作与脑海中的想法,而非出自一人。这些精神病学家和心理学家所争论的不是具体的治疗技术。他们承认,精神分析、行为矫正或认知重塑对于某些案例类型来说是非常有效的,但是他们对于这些疗法关于人的理论感到怀疑,觉得这些技术背后的人格理论过于局限和简单了。存在主义是一种态度,它将人理解为一直都处于生成之中,意思是说一直都潜在地处于危机之中。它发自于帮助人们解决现代生活中的难题,如孤立、异化、无意义……存在心理学家和精神病学家并没有将关于动力、驱力和行为模式的研究排除在外,所以,当代存在心理学既不是一个学派,也不是一种系统的教条或一套技术性的程序,

---

[*] 本文发表于《学术交流》2011 年第 7 期,第 41–45 页。此处为方便阅读去掉了摘要和参考文献。

它是对其他心理学观点的补充，也是一种整合。

1. 哲学背景

存在主义疗法来自于一种哲学思想，早期学者的思考基于个体孤独地生活于世上的体验以及面对这种生活状态的焦虑。对存在治疗产生重大影响的人物有：丹麦哲学家克尔凯郭尔，德国哲学家尼采、哲学心理学家海德格尔，法国哲学家萨特以及出生在维也纳、后逃离德国移民以色列的学识广博的马丁·布伯。克尔凯郭尔对"存在之焦虑"的论述、尼采对"成为一个个体的勇气"的重视、海德格尔对"在世存在"的创用和研究、马丁·布伯对"在场"和"我—你"关系的强调以及现象学的方法，后都被很好地吸纳到存在治疗当中。

2. 代表人物

当代存在主义治疗的主要代表有以下四人：（1）维克多·弗兰克。弗兰克是在欧洲建立存在主义疗法的中心人物。他是纳粹集中营的幸存者，但他建设性地利用了其经历和体验，创立了意义心理学，强调生命在所有情况下都有自由，从而也就都有意义，他的学说被称为"维也纳第三学派"。弗兰克认为可以通过三种途径获得意义：创造性工作；对情感与生活的体验；受苦。弗兰克的生活是他的理论的无可争辩的说明。（2）罗洛·梅。梅是把存在主义思想从欧洲介绍到美国的人，梅将精神分析改造为存在分析，他认为人们面临的真正挑战是生活在一个自己是孤独的并终将死亡的世界上。梅强调治疗要关注人的存在而非问题的解决，强调生活的意义、选择、自由和责任，指出自我的重新发现和自我实现是人类的根本出路。梅被誉为"美国存在心理学之父"。（3）欧文·亚罗姆。亚罗姆是当前美国心理治疗领域的大师级人物，他既在存在主义理论的框架下从事个体治疗，又在人际关系理论的框架下从事团体治疗。亚罗姆所建立的存在主义疗法注重于人类四种终极关怀：死亡、孤独、生命的意义和自由。亚罗姆的教科书《存在主义心理治疗》被认为是具有先驱性意义的成就。（4）科克·施耐德。施耐德是罗洛·梅的学生和工作伙伴，他同罗洛·梅共同撰写了《存在心理学：一种整合的临床观》，试图提供一种存在—人本的视角，在这个视角下审视、运用和整合各个层面的临床治疗：生理、行为、认知、驱力、人际以及存在。

3. 关键概念

（1）"存在"之人格理论。存在主义模式用不同的观点看待人格的内在冲突，认为基本冲突不在于或不仅仅在于本能驱力的压抑，而在于个体与存在的经验之间，即内在冲突来自个体与死亡、自由、孤独和无意义感的对抗。（2）自我意识。这是人类特有的觉知现象，是人能够跳出情境反省自身并据此进行选择和自我指导的能力。罗洛·梅赞美人类的自我意识是他最高品质的根源，克尔凯郭尔说"具有越多的意识，自我就越强"。增进自我意识意味着扩展生命的可能性，但这会以成长的焦虑和内在危机为代价。（3）自由和责任。存在主义所说的自由是指个体必须为自己负责。人们在进入这个世界时没有选择，但在这个世界上的生活方式和成为什么样的人却是自己的选择。罗洛·梅特别指出自由选择的可能性是心理治疗的先决条件,那些不愿意接受责任、认为自己的问题都是他人造成的来访者将不能从治疗中获益。(4) 自我认同以及与他人建立联系。存在主义反对一味地社会顺从,鼓励个体发展其个性和自我同一性,并且认为只有具备自我核心和内在力量的人才能与他人建立有意义的联系。病态的依赖可以暂且逃避存在的孤独感,但牺牲的却是个体的自我和精神成长。(5) 寻找意义。法国哲学家加缪曾经说:"只有一个真正严肃的哲学问题",那就是"生活是否值得活下去的问题"。弗兰克认为无意义感是现代生活中主要的存在神经症,治疗师的工作就是要帮助来访者创造一个与他们的生存方式一致的价值系统。亚罗姆和弗兰克都赞同意义只能间接地追求,它是投入生活的副产品。(6) 作为一种生活状态的焦虑——存在焦虑。存在主义治疗师对正常焦虑亦即存在焦虑和神经症性焦虑予以区别。存在焦虑是面对死亡、孤独、自由等存在内容而产生的结果,而神经症性焦虑与情境不成比例。心理健康的生活是尽可能地去除神经症性焦虑,同时能够忍受不可避免的存在焦虑。治疗师的根本任务是要认识到存在焦虑并指导来访者建设性地应对存在焦虑。

4. *治疗过程*

(1) 存在主义治疗是一种动力取向。存在的动力取向基本上维持了弗洛伊德的动态结构,但内容不同。弗洛伊德的结构是:驱力—焦虑—防御机制;而存在治疗的结构是:最终关怀的察觉—焦虑—防御机制。无论精神分析还是存在分析,都将焦虑视为动力结构的核心。所有意识与无意识的心理运作（如防御机制）皆是为了处理焦虑，这些心理运作促使病态的产生，虽提供安全，但同时也限制了成长。（2）治疗目标。存在治疗是要使人们获得自由并为之负起责任，关键的过程性目标是扩展来访者的觉知和自我意识，以发现之前从未发现的更多可能性。需要注意的一点是，治愈症状是大多数来访者寻求治疗的动机，然而从存在的视角观之，这种动机本身可能正是对特定来访者"存在的否定"——一种由调整构成的、能够适应文化的治愈。罗洛·梅明确指出，心理治疗的首要目的并不在于症状的消除，而是使来访者重新发现并体认自己的存在。（3）治疗师与来访者的关系。最能表明存在主义治疗关系的概念是罗洛·梅所强调的"呈现"或"在场（presence）"，即治疗师与来访者的关系被看作一种真实的关系。宾斯万格把这描绘成"一个存在与另一个存在相沟通"。存在治疗师认为"在场"是理解来访者的最佳途径，不仅如此，在这场"相遇"中，治疗师与来访者都将发生成长性的改变。（4）治疗的技术与步骤。存在主义疗法不是技术取向的，只要能为来访者获得其存在感服务，治疗师可以从其他任何流派方法中抽取需要的技术。治疗的第一步是帮助来访者弄清他们对世界的想法，考察他们的信念和价值系统，从而发现他们在造成自己问题方面的作用和未负起的责任；第二步是支持来访者重建价值系统，考虑什么样的生活值得去过；第三步是鼓励来访者将治疗中的所获付诸行动，过一种有目标有意义的生活。（5）适用对象。存在取向的治疗似乎对面临发展危机的来访者、面临死亡的来访者、面临重大选择的来访者和感到生活空虚、命运不佳的来访者更为有效。

存在治疗希望全面探讨来访者的生活,而不仅仅是支离片面地解决一些问题,强调治疗师的"在场",强调自由、选择和责任,把"人"又带回了中心位置。存在主义治疗的创建者希望他们介绍的概念和主题对所有治疗学派都产生影响并被结合进其他学派的治疗工作中,梅和亚罗姆认为这一结合正在出现。存在主义取向所受到的主要批评是,一些存在哲学家对自我形成的过程强调得太过于绝对了,如萨特,似乎他可能使自己成为任何他决定成为的人,这是和遗传学及体质心理学的事实直接矛盾的。另外,存在主义治疗高度注重自我决定的哲学假设,也没有考虑许多受压迫的人所面临的复杂社会因素。

二、对我国高校心理咨询的启示

在深入改革和不断变化的社会环境中,我国在校大学生面临着特别的发展危机,学生们的焦虑和困惑充满了时代特点,这对高校心理咨询工作提出了新的挑战。咨询辅导教师必须看到社会现实的压力,必须具备一个全人的视角,否则,单纯针对症状和问题的咨询并不能真正理解和帮助大学生来访者。在校大学生前来咨询的常见问题有:学习问题、恋爱失利、生涯困惑、人际困难、心理空虚、难于选择、行动力差,甚或各种神经症和人格偏离。然而,笔者在教学和咨询工作中逐渐体会到,上述求询问题只是其困惑的表象,表象背后的深层冲突和危机往往直指存在的本质：追求群体适应，忽视自身的独特性和创造性；价值观混乱，缺乏自我同一感和自我确认；感到生活没有意义，只知道"我要达到什么标准"，不知道"我要成为什么样的人"，缺乏精神目标；没有能力去感受自己的内在需求；缺乏建立亲密感和健康人际关系的能力，故此体验着强烈的人际孤独感。大学生的存在困境正是存在主义治疗所关心和讨论的主题。

笔者认为，存在主义治疗取向对现阶段高校心理咨询具有以下启示。

1. 对存在焦虑和神经症性焦虑的区辨

在校大学生背负着巨大的学习、就业和考研等压力，焦虑程度普遍较高。这些焦虑有的是病态的神经症性的反应，有的却是正常的存在焦虑，预示和潜藏着生存和发展的生命张力。如果咨询辅导教师不能对存在焦虑和神经症性焦虑予以很好的区辨，而是一味要消除焦虑，就会丢失存在焦虑所提供的个体信息，从而不能使其服务于学生的自我探索。这样做虽能使来访者很快回到舒服的状态，但代价却是使来访者躲进了某种局限性中，错过了自我认识和成长的机会。咨询辅导教师应该耐下心来，花一些时间与来访者共同查看诸如考试焦虑、过度竞争等是否隐含着存在挫折和内疚，是不是个体存在遭到否定的信号，而不要忙于消除焦虑。只有咨询师在头脑中建立了存在性的概念，才能帮助来访者体认到焦虑与生命同在，焦虑甚至应该受到欢迎——它是创造性生活的伴随物。咨询辅导教师应借助存在焦虑开启、推进学生的自我成长之路。神经症性焦虑是人格幼稚的表现，而体认、接受并建设性地应对存在焦虑本身即会阻止和减缓神经症性焦虑。

2. 对社会适应标准的重新审视

罗洛·梅反对将社会适应良好作为心理健康的最佳标准,他无比智慧地洞识到"将神经症界定为适应的一种失败,是多么不恰当。适应恰恰就是神经症的内涵,而神经症仅仅是适应的困难"。他指出,如果过于强调为社会所接受,那么帮助人的过程可能实际上会使他们成为顺从者,并走向个性的毁灭。虽然培养全面发展的创新型人才一直是高等教育的目标,但现行的体制和做法却不尽如人意。事实上,剧烈的竞争和整齐划一的标准在一定程度上打压、限制了学生的发展,为了在竞争中获胜,学生不得不牺牲自己的创造性和独特性。笔者在高校咨询工作中看到,很多学生的问题其实是一种存在内疚的表现,即是一种潜能挫折感。他们为不能实现自己的个性而苦恼,在现实的异化要求中,体验着持久深刻的冲突。此种情形下,咨询辅导教师必须清醒地认识到环境对个体存在的破坏性,要视来访者的自我强度和人格水平决定自我探索的深度,努力帮助来访者把盲目的目的性适应转变为具有充分自我意识的策略性适应,为自我在现实中的存在赢得空间。咨询辅导教师要格外注意保护学生潜藏在不适应外表下的独特性和创造性,鼓励他们通过自我理解、自我接纳而达到自我确认。如果咨询师不管三七二十一就帮助来访者建筑适应性的防御,那不仅会扼杀来访者的自我,还会在一个更深的层面上加剧来访者的存在内疚。而且,具备批判性的眼光和能力最终会使学生来访者成为现实的创造者而非牺牲品。

3. 增强来访者的责任意识和能力

笔者感到,来访学生一个本质性的存在问题是不能进行选择,也不想对自己的选择负责。学生们缺乏运用自己的自由塑造人生的能力。当然这有深刻的文化和教育根源。很多学生生长在被过度保护的环境中,家长为了让孩子符合社会标准和自身期望,常常不顾孩子的个性和意愿为其安排一切,从小学到高中的所有教育似乎也都是为了升入一所好大学。一些学生早早被剥夺了自由,习惯了没有选择的生活,将自己的人生统统交付给家长和老师。长此以往,不仅不能意识到深埋的愤怒和挫折感,而且也丧失了自行选择的责任意识和能力。必须看到,当今社会对学生的这种伤害依然深重,高校心理咨询欲完全抚平并使之逆转也许是一种奢望,但我们却必须以我们的良知发出至深呼唤,帮助学生逐步意识到其对自己人生的责任,摆脱对父母和环境不健康的依赖,体认并应对随自由和选择而来的焦虑,踏上真正属于自己的存在发展之路。这里需要注意的一个特殊情形是,具有动力学意味的童年创伤将导致陷入失效模式的强迫性重复,也会表现为失去自由和不能选择。以往的动力学治疗特别注重对童年创伤的哀伤处理,笔者至今认为这种哀伤处理必不可少。然而完全诉诸内部动力学虽能使来访者比较舒服,却会提升来访者作为受害者的被动状态,即这种对无意识力量决定论的强调也带来了一种有害的影响——忽视或低估了来访者的意识能动作用。罗洛·梅强调指出,"弗洛伊德探究潜意识力量的全部目的,是为了帮助人们将这些力量带进意识中。"所以即便在此种情形下,咨询辅导教师也应注意增进学生来访者的责任意识和能力,要不断推动学生在哀伤的基础上对自己的过去进行重新"叙述",对未来进行自由选择。强调作为一个人的选择和责任能力,将提高童年创伤者的咨询效率和其后的生活质量。

4. 注重对精神目标和生活意义的追寻

我们的教育在实际做法上很多时候采取对学生主流价值观和政治信念的灌输,但却忽视在体验的层面引导学生去选择和发现生活的意义。高而空的教育目标和学生的成长实际无法衔接,在抽象划一的标准和丰富多彩的选择路径之间形成心理荒漠或断层。一些学生缺乏自我同一感,不知道自己到底是谁,不知道自己要成为什么样的人。由于没有同一性的目标,就难免在外界的各种要求与扰动中,感到心里空虚,无所适从,这种空虚感和无意义感突出表现在一些生涯案例中。著名生涯辅导专家金树人教授一针见血地阐明,许许多多的生涯问题都只是表象,必须回归到心理治疗的范畴,并认为生涯咨询走到最核心的部分,往往与存在的价值有关,当事人在这里看到存在之必要、核心价值之所在,"那就是我!"生涯困惑说到底是内在价值观的冲突,咨询辅导教师必须帮助学生来访者真正区辨出"他们是谁"和"他们想是谁",这样才能避免把载满社会价值与期许的"自我意象实现"当成"自我实现",才能避免自我疏离的悲剧。在具体的咨询辅导中,只有来访者真正体认、回归到自我的核心,获得了切实的自我相遇感,如"这样才能证明我的存在"、"我一定要这么活着"或"这才是有意义的人生"等,生涯选择才成为可能。生涯选择是一种生活方式的选择，只有学生来访者在自我确认的基础上无冲突地投入生活，意义才会随之而起。在高校心理咨询中，除生涯案例之外，笔者也看到一些弗兰克所说的存在神经症，这些学生表现得抑郁和没有活力，他们并不是由于童年创伤和负性信念的羁绊，而是由于在现实中找不到令其振奋的意义。这样的学生来访者通常强烈地压抑了其存在感，所以咨询辅导教师要从解决自我疏离入手，帮助其找回属于自己的生活目标，从而找回人生的意义。

5. 不回避死亡和人生困苦的一面

除了一些具体人文学科所涉及的有关死亡和生活的悲剧层面，现行的高等教育缺少必要的生命教育内容。过于强调一种表面的积极态度和行动，使学生抑制和隔离掉了指向存在本质的深层思考。这种思考将促发深刻的内在转化，形成内在力量，推进人格成熟，也将带来对生命整体的人文关怀。实际上，人在童年早期便可感受到死亡的威胁，而其重要的发展任务之一即是处理对于死亡的恐惧。在高校心理咨询中，笔者看到一些咨询辅导教师本身即对死亡和人生困苦持一种防御态度，这种防御或隐藏在其工作的理论方法当中，或隐藏在其助人的热情当中，而这势必会阻碍学生来访者对相关议题的探索。亚罗姆甚至建议治疗师直接与来访者谈论关于死亡的现实，因为对死亡的意识是生活和创造的热情来源。具体操作中，笔者觉得还有两点应特别注意：一是在咨询辅导中对苦难议题的处理，此时，除了要启发学生看到与接受苦难是生活的一部分，更重要的是要帮助学生在人生困苦中发现和创造意义。笔者一直认为通过受苦获得意义的观点是弗兰克的至高成就，表现了人类的至高尊严。二是亚罗姆提到的不要让治疗团体冲淡生命的悲剧性。团体辅导是高校心理咨询的常用形式，咨询辅导教师一方面要善用团体的支持和凝聚作用，另外也要注意避免因团体给成员造成幻象——似乎存在的孤独感和人生苦难可以通过人际适应得到解决。咨询辅导教师要能区分存在孤独和社交孤独，从而避免混淆两者所带来的误导和伤害。

6. 两个关键性操作问题：意愿的呈现和咨询师的"在场"

（1）意愿的呈现。在长期的异化要求下，一些学生失去了感受的能力。他们不知道自己的真正需要，无从选择和决定，从而也就无法行动，这是学生来访者的常见表现。如何帮助学生恢复对自身的感受，以期呈现内心的希望和意愿呢？笔者认为需从情绪入手。要善用各种技术帮助来访者打破情绪闭锁，通过识别与体验防御背后的情绪主调而明了自身的生存现状。咨询辅导教师需耐心而持续地询问"你此刻的情绪是什么？""你真实的感受是什么？""你真正想要的是什么？"直到来访者接触到内在的真实。破除防御的来访者通常会感受和宣泄出强烈的负性情绪，咨询辅导教师要提供安全的治疗氛围容纳之，并据此探讨存在内疚和自由、责任等问题。

（2）咨询师的"在场"。存在治疗强调咨询师的真实性，强调咨询师和来访者的平等互动性。而高校心理咨询更多地带有教育和指导的意味。教育与指导在以短程居多的高校咨询中确实发挥着重要作用，但笔者认为如果咨询辅导教师能增加一点"主体间性"的意识，能更尊重学生，将学生视为一个更具独立性的个体，高校心理咨询工作就会在质的方面有境界的提升。有些情形下，咨询辅导教师需要弱化一些自身的教育指导功能，需要怀着兴趣与惊奇看待来访学生，把来访学生感受为人生旅途中的同伴，这样就为学生的自由和创造性发展保留了更为广阔的空间。并且，这种咨询辅导的关系本身，即会增强而不是抑制学生来访者的责任意识和能力。

建立存在性的概念，对高校心理咨询具有重要的指导意义。但在具体操作中，笔者体会还需注意和处理好以下几点：要把握好消减症状和促进成长之间的平衡；要充分考虑到现实环境的压力和限制；要恰当设置短程治疗的目标并有可行的后续计划；要看到有些来访者不适合存在性的讨论。

科胡特自体心理学理论对心理治疗的启示与助益[*]

科胡特是美国精神分析学界及临床界的重要人物，担任过美国精神分析协会会长、国际精神分析协会副会长。作为一位训练分析家和教师，他一直坚持精神分析的教学、研究和临床实践。他有着精神分析的正统背景，曾努力试图在精神分析正统的内驱力框架下工作。当发现用既有理论无法理解与解释临床观察时，他陷于痛苦的冲突和挣扎。科胡特最终决定忠实于临床现象，建构新的理论来涵盖他的临床观察，这便产生了由内省与共情为方法的贴近体验的精神分析自体心理学体系。自体心理学系属精神分析流派，但多年来的理论研习和临床实践让笔者深信，自体心理学那种特有的共情温暖和人性光芒，会给不同取向的多种心理治疗带来深刻的启示和助益。

---

[*] 本文发表于《学术交流》2014 年第 10 期，第 49 - 53 页。此处为方便阅读去掉了摘要和参考文献。

一、科胡特自体心理学的概念内涵和临床机理

科胡特的自体心理学产生于对自恋型人格障碍和行为障碍的治疗与探究。20世纪的社会变迁使很多个体面对各种不共情的环境和机构，体验着人际疏离和冷漠，无法从充满关怀的自体客体处得到足够的刺激和回应，导致了自体的破碎感。这些个体的主要问题不是弗洛伊德内驱力框架内的俄狄浦斯冲突，而是弥漫的抑郁和低自尊。由于心理结构的缺失，他们无法内化一个稳定的理想价值系统，经常体验着内在的空虚和生活的迷失。他们也没有建立有效的心理防御，未被整合的不现实的自我夸大感使人格处于衰弱和多重碎裂的状态。科胡特认为，对于这种个体，治疗的首要任务不是处理冲突，而是要培植一个较为完整和坚固的内在心理结构，即内聚性的自体。科胡特并没有放弃古典的内驱力模型，而是认为自体心理学与古典理论是互补的，具体就是对弗洛伊德的移情神经症，要处理的是心理结构之间的冲突；而对自恋性病人，要处理的是缺失的自体与养育环境之间的冲突。

科胡特使用的是广义的自体概念，指一个人精神世界的核心。这个核心在空间上是紧密结合（内聚性）的，在时间上是持久的，是创始的中心和印象的容器。一个具有内聚性自体的人，通常会体验到一种自我确信的价值感和实实在在的存在感。弗洛伊德从内驱力模式出发，认为自恋涉及本能性能量从客体撤回以及力比多对自我的投注，这样的自恋是与环境隔绝和拒绝关系的，基本被看成是病理性的。科胡特更新了自恋的概念，认为

自恋不是病理性的，而是自体形成与发展中的正常现象。自恋有自己独立的发展线，最终没有一个个体能够成为一个完全不自恋的人，即发展的过程不可以被理解为从自恋过渡到客体爱的过程。个体是否健康取决于是否拥有成熟的自恋。科胡特把自体客体定义为：能为自体提供一种功能进而能服务于自体的人或客体。所以在科胡特的概念里，即便一个病理性自恋的人也并没有放弃关系，而只是在自恋地体验别人，也即把别人作为自体客体来体验。自恋者有一种对别人的幻想性控制，其方式类似于成人对自己身体的控制。科胡特确立了"三极自体"的概念，把自体看成由三个主要部分构成：一极是抱负，另一极是理想，还有一极是才能和技能这一中间区域。科胡特认为发展不是源于内驱力而是源于人际关系。当婴儿诞生在人类的环境中，其内部潜能和自体客体对婴儿的响应使其形成一个核心自体或自体的雏形。如果环境比较适宜和理想，那么非创伤性的恰到好处的挫折会启动转换性内化的发生，儿童从自体客体处撤回一些自恋式的期望，同时获得一部分内在的心理结构，随之核心自体会逐渐发展成一个内聚性的自体，拥有健康的自恋，即自体古老的夸大性得到了驯服和修正，被整合为人格中健康的雄心和自尊；理想化的双亲影像被内射为理想化的超我；孪生体验激发出了能增强自我确认的个体才能和技巧的发展。个体成熟期的健康自恋有多种表现形式，如创造性、幽默、智慧和共情能力。

科胡特认为自恋障碍的实质是自体结构的缺陷，就是个体不具备一个内聚性的自体，没有形成现实可行的雄心和理想，也没有发展出安身立命的才华和技能，进而无法获得关于自身的良好感受，无法调节与维持自尊的平衡。科胡特在长期的临床实践中得出结论：在三极自体中，当至少有两极因自体客体缺乏回应或回应失败而出现严重缺陷时，才会导致个体自恋的病理性改变。科胡特强调异常并非由于单一的事件或偶然的过失，而是父母持续的回应失败，这往往是双亲本身自体病理的表现。科胡特还观察到有自恋问题的人在重要的生活关系和精神分析情境中会自发地产生自恋移情，这是童年某些发展需求未得到必要回应的结果。对应于三极自体有三组自恋移情：镜像移情，指自体受损的抱负这一极会企图召唤自体客体的肯定——赞同回应；理想化移情，指自体受损的理想化这一极会试图寻求可以接受其理想化的自体客体；孪生移情，指自体受损的才能与技能这一中间地带会去寻找一个能够为其提供本质上相似的安慰体验的自体客体。自体心理学的治疗就是建立一种分析情境，以使自恋移情得以呈现、展开和修通。治疗师要能成功担当起病人的自体客体，补偿以往其双亲自体客体的缺失，最终帮助病人去建立一个内聚性的自体。自体心理学的治疗师以更人性化的方式对待来访者，他们更易与来访者相处，在治疗中更加放松，并允许自己对来访者更具支持性。整个治疗类似于一个转换性内化的过程。

二、科胡特自体心理学理论的启示

科胡特的研究给临床治疗带来了宝贵的理论启示，使治疗师能以一个更为积极、细致和共情的姿态去观察和展开工作。

1. 强调积极的人性观和俄狄浦斯期的成就

科胡特最勇敢也最具发展性的贡献之一，就是不接受人天生具有攻击驱力的观点，他确信攻击性只是一种个体回应无反应环境的分解产物，即攻击性是自体破碎后的崩解物，是一种自恋受伤后的愤怒表达。科胡特重新评估了俄狄浦斯情结的价值。一反弗洛伊德对俄狄浦斯期致病面向的强调，科胡特强调俄狄浦斯期成长与促进的面向。科胡特认为俄狄浦斯体验是相对完整与稳定的自体结构的产物，俄狄浦斯期的到来是儿童心理发展的一种成就。如果情况比较理想，即双亲和儿童的自体都较为健康，那么无论俄狄浦斯冲突有多么强烈，儿童自始至终都会主要体验到一种成长的欢乐，致病的俄狄浦斯情结源于双亲失败的回应。这样的理论会帮助治疗师更为积极地看待来访者及其内在冲突，从缺乏和自恋受伤的角度去本质地理解一些施虐者和反社会者的病态行为，克服治疗师自身的厌恶和排斥，提供容纳性的治疗氛围，以使来访者得到根本的养育性的治疗。而且我们若能更多地看到俄狄浦斯情结中成长与发展的一面，也就会更多地看到来访者的资源而非问题，就会相信和承认亲子间的温情与关怀，从而调整整个的治疗重心和视角。

2. 从本质上理解共情的重要治疗作用

早在科胡特之前，罗杰斯就提出了共情理解与人格变化最为相关的著名论断。对罗杰斯来说，个体的体验就是最高权威，他在大量临床研究中观察到，治疗师只需尊重并接纳来访者，积极和建设性的转化就会发生。科胡特和罗杰斯都采用贴近来访者体验的与来访者内在感受和需求同调的共情式治疗，但笔者认为罗杰斯的论断更多来自对临床过程的实证研究，而科胡特则通过重构个体的内在生命，清楚阐明了共情具有治疗作用的机制。简言之，科胡特阐明了只有共情的治疗师才能成为一个好的自体客体，从而能够养育来访者健康的自恋。自体心理学的治疗师视母亲安抚儿童的图景为共情性自体客体的原型。罗杰斯观察到由共情到功能良好的外部治疗现象，科胡特则论述了由共情到内部结构的形成和发展再到功能良好的内在机制，二者互为印证。正如麦克威廉姆斯博士所洞识的，罗杰斯本能地感到了来访者脆弱的自我价值感，他共情式的治疗达到了巧妙调和和提升来访者自尊的效果。然而，治疗师的共情不可能是完美的，少量的共情失败构成了治疗中非创伤性的挫折，这些挫折将并入来访者整体的转换性内化过程。笔者认为科胡特的研究在一个理论的高度上深化了我们对共情的理解：共情不仅仅是良好治疗关系的要件，也不仅仅是有效治疗的前提，共情本身就深具治疗性，是给予来访者的一种真实满足。

3. 健康并非一定以客体爱为标志

在心理治疗中，治疗师都很注重对来访者的人际关系进行评估，是否拥有一定量的关系通常被当成一个功能性的指标。但自体心理学提示我们，必须从个体自恋的视角重新审视客体关系的性质。毫无疑问，健康的自尊是持久的爱的基础，是成熟的客体关系不可或缺的要素。然而，能不能反过来说，缺少关系就一定是不健康的？回答这个问题对于临床评估和治疗都极其重要。对此，科胡特明确指出，健康的生命并非一定以客体爱为标志。有时个体富于客体关系，可能正隐藏了其不成熟的自恋心理，而个体表面的疏离或孤单，可能正是其自恋健康的表现。翻开历史我们不难发现，有些最伟大和完满的生命并非依靠异性恋——生殖器的性心理组织而存活，这些生命最重要的情感也没有投注在明确的客体爱上。笔者认为这是一个具诊断性的重要理论问题。笔者在治疗工作中也体会到，自体脆弱的来访者往往通过委身于外来自体而减缓焦虑，他们看起来热闹的人际交往恰是缺少独立性和自我迷失的表现。这些来访者在童年时就与父母有着表面和虚假的亲近，所以成年后的生活往往是其本质上孤单和自体脆弱的病态关系模式的复制。我们从自体心理学得到的启示是：必须对上述情形作出分辨，否则就会把复杂的生活情境简单化，会给一些自体原本强健的践行非主流生活方式的来访者造成治疗性的伤害。

4. 许多症状背后都隐藏着自恋性的问题

自体心理学的基础理念是将人主体的自恋本性放在精神的核心位置来考虑，这为我们理解来访者的症状及其内在世界开辟了新的理论视角。由此观之，我们往往能共情到来访者本质的缺陷性问题，即看到许多临床症状之下都遮盖着一个残缺虚弱的自体。比如睡眠障碍也许并非是压抑的内在冲突的变型表现，而是由于早期的剥夺，即儿童没能从父母那里得到应有的抚慰，使个体缺乏自我安慰和照料的功能所致；比如很多同性恋行为并非如表面看来的是原发的驱力表现，而是自体在得不到回应时的次发现象，是将希望客体分享自己的兴趣和热情的需要性欲化的结果；比如很多个体平时并不怎么注意身体上的小缺陷或小毛病，但当自体受到威胁或开始裂解时，就会对此十分焦虑。我们需要看到疑病者忧虑的本质是其极度的自卑和对于自体崩解的恐慌感。中年危机更是一种自恋问题的爆发性表现，包括患有更年期综合征在内的许多来访者，表面看来是人生和事业转折所带来的身、心适应困难，但实质往往是其原本存在的自恋问题的暴露和显现，是一种体验不到自身独特性的空虚、无望和无价值感，甚至感到人生的不真实。麦克威廉姆斯博士观察到具有自恋人格的人通常于40岁或40岁之后前来寻求治疗。看到上述问题的自恋性本质是一种重要的临床洞察，这使治疗师能突破驱力、防御和关系等的限制，直指存在议题的最深处，观照和治疗来访者作为一个人最为核心的自体层面。

三、科胡特自体心理学理论对实践的助益

自体心理学的理论拓展对临床实践的帮助是巨大的，它使治疗师的工作态度和治疗氛围产生了深刻变化，真正实现了一种共情式的治疗。

1. 注意评估来访者的自尊和自恋水平

随着理论和临床实践的发展，自体心理学早已不仅是针对自恋型人格障碍和行为障碍的治疗方法，早已扩展了自身的适用范围。现今的来访者多为自恋性疾患，而且边缘型人格、神经症和物质依赖等特殊人群也大都伴有不同程度的自恋问题。个体是否

具有恰当良好的自尊是其健康的重要方面甚至核心表现。在心理治疗中增进对自恋问题的敏感性，有助于治疗师从精神核心的内聚性自体视角理解与把握来访者的整体人格面貌；区辨缺陷性问题和冲突性问题；避免被表面的症状迷惑和羁绊；及时调整治疗策略和步调。所以准确评估来访者的自恋具有诊断和治疗的双重意义。评估自恋可从以下几方面着手：（1）来访者作为一个人的总体感觉是否良好；（2）一些隐微模糊的症状，如隐隐的抑郁、缺乏工作和人际热情、空虚感、对自己的身心感到不自在、性方面的困惑等，多是对自恋问题的提示；（3）对失态和批评过度敏感，即强烈的羞耻感也往往指向自恋脆弱；（4）出现了明显的自恋移情。评估来访者的自恋还包括评估其自尊模式，即治疗师需要了解来访者是否有稳定的内在理想和价值观、支持自尊的要素及其自尊结构的现实性和灵活性。毫无疑问，帮助来访者建立原本缺乏的自尊和纠正适应不良的自尊模式均是心理治疗的重要工作内容。

2. 增进对自恋移情的敏感性并正确应对

正如弗洛伊德所言，生活中充满了移情。所以即便不是精神分析，在其他各种心理治疗中，有自恋问题的来访者通常也会表现出自恋移情，这是来访者在情绪体验上感知到了自体发展机遇的结果。正确应对自恋移情的本质是治疗师要成为来访者好的自体客体，即用关注、肯定、赞美、共鸣的姿态去回应镜像移情；用坦然接受赞赏的姿态去回应理想化移情；用分享相似特征和体验的陪伴姿态去回应孪生移情。反之，如果治疗师缺乏自体心理学的理论观照，就会对自恋移情不敏感，甚至可能会因刻意促进治疗联盟而妨碍自恋移情的发生，从而错失掉病态自体获取治疗的机会。而且，治疗师可能也会不能耐受来访者完全自恋地将其作为自体客体来感知和体验，可能难以维持兴趣和注意力，用现实解释来击碎来访者对治疗师的理想化，以及不能理解来访者寻求与其相似之处的需求和努力之意义。另外，自恋脆弱的来访者很容易因治疗中看似微小的事件引发自恋暴怒，笔者认为这也是指向自恋问题的移情表现。此时，来访者把治疗师体验成了早年生活中带给他创伤的自体客体，恰当的反应是对其愤怒进行共情。除了相应的理论观照，正确应对自恋移情还有赖于治疗师自身的自恋健康。

3. 从保护自体的视角理解和应对阻抗

在通常的临床概念里，阻抗是心理治疗过程中的阻碍和限制，被认为是来访者对治疗师和治疗工作的抵抗。用动力学术语描述，阻抗是防御机制以行动、做法和心理态度等形式的表现。一直以来，阻抗被看作来访者保卫防御的幼稚之战，是需要治疗师去尽力克服、破除和跨越的。但科胡特通过对病人的深度共情，发现了阻抗对自恋疾患者独特的作用，科胡特认为阻抗是来访者保护其自体免于崩解的有价值的活动。他由此揭示出内在精神活动的序列，即"自体保存最为重要"原则。治疗中很多难以破解的防御和阻抗其实是来访者保存其自体实力的本能的智慧选择，并且很多阻抗是治疗师缺乏共情的结果。所以不论我们从事何种取向的心理治疗，采用哪些具体的操作技术，都须时时自问这治疗是否与来访者同调？是否危及和侵蚀了来访者的自体？而不要为了推进治疗进展或满足自身的自恋需求去粗暴地攻击与否定来访者的防御，不假思索地一路铲除阻抗。成功的心理治疗总会导致来访者许多层面的改变，或许来访者领悟之后的对于改变的惰性才可谓是真正的阻抗。笔者认为治疗师应在评估和理解来访者整体人格的基础上来分析防御。显然，区辨保护自体的防御和惰性的阻抗具有着诊断和治疗的双重意义。所有之前的方法仍然是可用和有效的，但如果治疗师能增进一点自体心理学的理论观照，即认识到来访者的阻抗有可能来自于对自体的保护，就会在治疗中有更为共情和更少伤害性的应对。

4. 充分利用解释的回应作用

作为分析性治疗的重要技术，科胡特认为解释是一种深化了的共情，解释使来访者领会到治疗师对其理解的广度和深度。在临床操作中，其实理解与解释并无明显清晰的界限，但解释代表了更为成熟的共情联结。所有心理治疗都包括对来访者的解释，只不过其解释的内容取决于不同的流派观点。在内容上，科胡特当然认为自体心理学的解释才真正重构、理解了来访者的内在生命历程和病理机制，所以自体心理学的治疗才真正达到了对来访者的深度共情。但在学术交流和临床督导中，科胡特发现一些错误的解释也能起到比较好的治疗效果，他后来认识到此时起作用的是治疗师做解释的姿态，即解释所传递给来访者的本质信息。科胡特甚至认为在治疗中解释的特定内容并不重要，应该被当作传递本质意义的媒介。换言之，是这些解释的本身起到了回应来访者的作用，从而满足了来访者对治疗师作为自体客体的需求。这使我们联想到临床界一个共识性的研究结论：各流派心理治疗的效果没有明显差异。笔者认为科胡特的上述发现在一定程度上回答了此问题。而且，自体心理学揭示出个体一生都需要来自自体客体的回应，从这个意义上说，笔者认为可以把解释所具有的回应性看作心理治疗的一种共通因素。当然，这涉及到治疗师是一个怎样的人！只有治疗师的自恋相对饱满，才能运用健康的直觉共情地领会来访者，让解释具有回应性和治疗性。与许多临床观察相一致，自体心理学的治疗师也认为，心理学家的整体行为以及他们对来访者的态度与其理论取向相关甚微，这启发我们在治疗中应更好地运用解释，不仅要运用解释的内容，更要善用解释的回应作用。

5. 努力避免治疗中的自恋伤害

从某种程度上讲，接受心理治疗本身可能就是对来访者的一种自恋伤害，麦克威廉姆斯博士洞识到，治疗师所说的许多事情天生具有伤害性。当来访者的自恋比较脆弱，当关系还没有很好地建立，或者当治疗师采取了一些教育和要求的干预措施，所有这些都可能使治疗变成一种创伤。处于创伤状态的来访者会爆发自恋愤怒，通常会持续、猛烈地攻击治疗师。没有经验的治疗师会因缺少征兆而措手不及，同时感到来访者不可理喻。但自体心理学的理论使我们能够理解，因为对原始自体客体全知全能的期望和幻想，所以对于哪怕是微小的不同调，来访者都会移情地体验为是治疗师对其蓄意的伤害，会令其自体在瞬间崩解。干预得太多和太少以及错误的反应都可能使来访者感到自恋受伤,所以科胡特强调治疗师必须调整其共情到来访者自恋退行的层次。来访者的自恋暴怒会严重冲击治疗师的自恋平衡,此时,如果治疗师的自尊也不够强健,以至于表现出自恋性的防御,治疗则多半会陷入僵局甚或以失败告终。在治疗中欲完全去除自恋伤害是不可能的,但自体心理学的理论观照可使我们尽量减少这种伤害。当失误和伤害已然发生时,笔者的经验是治疗师必须要持续共情来访者的自恋暴怒,真诚接受来访者的指责,审视调整治疗步调和方法。如此才有望把之前的一部分失误和伤害转化为恰到好处的挫折,使其最终能够并入增强来访者自体的工作。笔者认为欲避免自恋伤害需做到以下几点:准确评估来访者的自恋;监控来访者的情绪;对干预措施进行包装;谨慎使用面质。

自体心理学没有忽视古典理论中的驱力,但认为驱力不是原发的而是自体裂解后的体验。自体心理学也没有否认客体关系的重要性,但认为关系并非维持健康的唯一途径。自体心理学对持续终生的健康自尊与自恋需要的强调,为精神分析乃至整个心理治疗领域开辟了崭新的视角,指出了更为宽广的精神复健之路,并且它对脆弱自体的共情也有助于把治疗中的伤害减至最少。

弱者也可以表达

论短程动力学团体治疗的"此时此地"*

　　精神分析是个性与人格重构的过程，这一目标是通过揭示意识与潜意识的冲突达成的。百年以来，精神分析理论经历了深刻变化和丰富发展，但潜意识的作用、早年生活影响以及移情、反移情、防御等重要概念始终被保留，它们与后来许多理论上的发展和方法上的改进一同构成了动力学的治疗体系。以往的动力学治疗无论是个体咨询还是团体工作，基本都沿用传统精神分析的长程做法，但随着治疗实践的多样化和当今社会对效率的追求，短程动力学治疗日益受到重视。那么，多短的疗程才算"短"呢？笔者同意亚罗姆的观点，觉得应从功能和时间两方面来界定，即指以最经济的时间达到某个特定的治疗目标。显然短程动力学团体治疗很难充分而完整地实现人格重组，短程动力学团体治疗的时限性也决定了其独特的理论思考和技术尝试。根据文献研究和团体工作实践，笔者认为"此时此地"就是其中一个最

---

　　* 本文发表于《黑龙江社会科学》2012年第3期，第101-103页。此处为方便阅读去掉了摘要和参考文献。

关键的概念和高效的方法。

一、短程动力学团体治疗的目标

动力学治疗的目标随理论的变异和发展有不同假设，但总的来说大多数治疗师都同意治疗是要使病人的自我功能得到强化。美国著名动力学心理治疗专家南希·麦克威廉姆斯提出了具体并进的一系列目标，它们包括：缓解或消除症状，内省力发展，自主感增强，认同感稳固，以现实为基础的自尊心增强，认识和处理情绪的能力得到改善，自我力量及自我协调性增加，爱、工作及对他人适度依赖的能力扩展，愉悦与平和的情感体验增多。此外，当以上这些变化发生后，躯体变得更为健康，对应激的抵抗力增强。当然这一系列的目标需要通过长程的分析治疗（个体形式或团体形式）才能获得。那么短程动力学团体治疗应该确定怎样的治疗目标呢？从理论上讲动力学团体治疗适合所有障碍类型，但从动力学视角观之，尤其是突破了弗洛伊德传统内驱力模式的社会文化学派和晚近的客体关系理论认为，一切心理障碍都是人际关系冲突的结果，动力学可谓是人际关系冲突的心理学。社会文化学派代表人物之一的沙利文将人格定义为那些在社会情境中与人相处时经常表现的行为模式，它们能表明人的生活特性，人格只有在人际关系中显现，人格也只能在以人际关系为主的社会化历程中发展。沙利文进而指出心理障碍是对人际关系的错觉，治疗应着眼于纠正人际关系的扭曲。关于客体关系的探讨，主要集中于早期关系质量如何造就儿童的内部世界，进而造就其日后的成人关系模式。几乎可以说，所有的精神分析理论，都是与怎样解释过去的经历影响了现在相关的，也与个体的内部世界怎样影响外部的经验相关。而这两种影响都将展露于此时此地，换言之，人格的缺陷和内部的冲突总会在现实的人际关系中上演。团体治疗比照个体治疗最明显的优势和特征就是更丰富的人际互动，柯瑞在谈到精神分析团体治疗时强调"团体中用来做分析的不仅是个人的成长经历，也可以是在团体中与其他成员的互动"，团体正是呈现和解决人际冲突的好场所。

综上所述，笔者认为应将短程动力学团体治疗目标确定为"低效人际关系模式的呈现和改善"，具体过程就是：此时此地的团体情境总归会使个体低效的人际关系模式浮现出来。当这种模式重复出现时，识别这种低效的模式，探讨个体的防御，在必要时或可与过去的成长经历进行连接以产生领悟，在团体中尝试重建现实有效的人际方式，并能将新的行为迁移至团体之外的生活场景。

二、短程动力学团体治疗应聚焦于此时此地的人际互动

精神分析的一个基本概念是早期经历的影响，对病因的领悟是动力学治疗特征性的疗效因素，这种领悟强调要在知性与情感两个层面上发生。动力学的各种理论假设构成了对病因的探索和理解，而治疗中对移情的重复体验和解释最终达成情感层面的修通。团体治疗是在多重人际关系中展开工作，动力性团体最大的优势就是为成员提供了更丰富的移情条件。动力性团体中存在多

层面的移情反移情，有成员相互之间的移情反移情，成员与治疗师之间的移情反移情、成员与团体之间的移情反移情，还有治疗师与团体之间的移情反移情。笔者认为，移情概念与此时此地概念有着深刻联系。宽泛地讲，移情是一种扭曲的人际知觉，成员此时此地的行为和情感正是其移情的体现，或团体的此时此地是展露移情的舞台。早期经历铸就了个体的内部世界，而不同的内部世界铸就了个体外部的人际模式。可以说，聚焦于团体此时此地的人际互动就是聚焦于团体的移情，而动力学团体治疗的任务就是识别、分析和处理上述种种移情。在没有时间限制的长程治疗中，移情和病因都可以得到充分讨论，但短程团体的时限性不允许有更多的病因探讨，短程动力学团体的治疗目标是改善低效的人际模式，治疗师只有时刻将注意力和着眼点放在团体的此时此地，通过此时此地的团体互动捕捉洞察成员的移情表现，才能紧紧围绕人际改善的短程限定性目标。

精神分析注重过去，在强调此时此地的同时，讨论与澄清短程动力学团体如何运用"过去"成为一个重要问题。大篇幅地谈论过去不仅为短程时限所不允许，而且许多临床专家认为叙旧在本质上是一种阻抗，叙旧只会浪费时间，对个体童年经历进行讨论，其作用不如直接在团体治疗过程中对与此时此地反应有关的过去经历进行处理。并且亚罗姆观察到，成员对团体之外的过去的叙述未必准确、客观，这些叙述值得怀疑，通常带有防御性的病态扭曲，据此所展开的讨论和提供的帮助也就流为徒劳。而团体的互动却是即刻的、鲜活的，所以亚罗姆认为团体治疗以回顾叙事性的、问题解决的方式进行工作是低效的，它浪费了团体资源甚至丧失了团体的功能。实践证明，团体治疗师可以在不明了成员过去史的情况下进行有效的团体工作。亚罗姆研究了通常的团体中成员由低到高四个层次的内省，它们是：得知反馈（知觉到人际关系的真相）；对自身病态人际模式的内省；动机上的内省（对自身防御机制的探索）；病因内省即动力学所谓的连接。很长时间以来，精神分析界传播着一个错误信念：治疗师对病因诠释越深，治疗就越完全。不过取得病因内省和持续改变之间也未被证实有关联。这样的研究提示我们，在短程动力学团体中，放弃追求病因内省不会影响疗效。可以说，尽量减少对过去的探索而更多注重积极的改变，是短程动力学团体治疗的特点。然而，完全不谈过去是不可能也是行不通的，重要的连接还是要做。除了特别必要的情形，短程动力学团体可以利用家庭作业的方式让成员完成某些对过去的回顾和连接。我们需要看到，在团体中回顾过去并非只服务于病原学的解释，它还有让成员之间增进接纳、理解和增强团体凝聚力的功效。另外，谈到回顾与连接，一个习惯的动力性说法是团体在某种程度上是成员早期家庭的复本，动力学治疗师都非常注重成员在原生家庭中未解决的冲突。但笔者在团体工作中体会到，学龄期和青春期包括其后的经历对个体也有着不可忽视的影响。正像霍妮说的，从早期的焦虑到成年的发病"有一条不间断的反应链"，而埃里克森的观点也在类似的方面为我们提供了有力帮助。

三、短程动力学团体治疗此时此地的完整含义和实现条件

短程动力学团体治疗的目标是低效人际关系模式的呈现和改善，这决定了团体不仅要通过此时此地的人际互动使成员失效或病态的人际关系模式得以呈现，而且在病态模式被辨识后，还要通过团体的此时此地使成员发生积极的改变，所以短程动力学团体治疗的此时此地包括成员病态模式的呈现和尝试改变两个部分。亚罗姆曾用体验和历程阐释来划分团体此时此地的两个阶段，认为忽略任何一个阶段都不具有治疗效能。体验主要指成员对彼此互动及袒露于团体的病态模式的强烈知觉与感受，历程阐释主要指对病态模式的理性检视并包括随之而来的改变的决心和尝试。笔者在自己带领团体的工作实践中体会到，短程动力学团体治疗可以适当简化对历程的阐释。短程动力学团体中，在病态模式被呈现和辨识之后，接下来治疗师就要帮助成员领悟旧有的关系模式是不当防御的结果，据此看到自己是关系困扰的制造者，此时成员通常都能意识到自己的责任，继而会产生改变的决心。最后成员会在自身意志的推动下，在治疗师和其他成员的鼓励支持下，通过团体的此时此地尝试改变。

治疗性团体之所以能起到矫正成员低效情感和行为方式的作用，就因为团体的工作性质使其互动及结果有别于日常社交。日常交往中，社会礼仪使人们彼此掩藏了一些负性的情感反应，致使个体虽能经常感到人际关系的困扰和失败，却很难获得他人的真实反馈和想法。治疗性团体要想改变成员病态的人际关系模

355

式，首先必须使成员在团体中真实呈现其模式。短程动力学团体的时限性要求成员能尽快呈现其真实的人际模式，不仅如此，还要通过治疗师和其他成员的反馈辨识与确认其中低效与病态的部分。这需要成员尽快摘掉社会面具真诚地投入到团体互动当中，简言之，就是要成员表达真实的自己和给出真实的反馈。亚罗姆将其描述成两点：（1）团体成员必须体验到团体具有足够的安全性和支持性，这样他们才能公开表达情绪；（2）团体必须具有充足的投入和真诚的回应，这样才能出现有效的现实检验。短程动力学团体治疗师既要极其注重培育安全的团体氛围，又要通过团体规范和技术不断促动成员完成给出真实反馈的任务。成员感到不够安全就不敢真实表达自己（无论是以往的一贯做法还是对其他成员的感受），只有在团体让人感到安全时，成员才敢袒露自己的真实，即便接收到负性反馈也能感受到团体的关怀，进而激发自己也对别人做出真诚的反馈和分享。

　　病态模式的呈现和对防御的探讨都极具挑战性，与此同时成员也深刻体验到治疗团体所独具的价值——能满足成员深层的成长与发展需求，所以一旦团体开启了真正的互动，成员本身就会特别珍惜、保护和促进团体的安全性。安全与支持的氛围不仅是模式呈现的前提，也是尝试改变的条件。意识到自己的责任和下定了改变的决心，这确是可喜的团体治疗过程和阶段性成果，然而这与持续的行为改变还有相当长的距离。低效的人际模式正是成员沿用早期防御的结果，通常在成员的潜意识幻想中，新的方式会带来危险。成员只有感到足够的安全，才会在团体中迈出改变的第一步，团体是实践新的建设性人际行为的实验场。治疗师要热情邀请成员在团体情境中做出改变，并鼓励成员细心体会新的行为及结果，治疗师要利用"改变没有危险"的此时此地去纠正成员病态的防御性幻想，使成员获得在团体之外难以得到的新的"矫正性情感体验"。短程动力学团体的时限性决定了成员不能在团体工作期间重复充分地体验新行为，团体的结束往往是成员持续性行为改变的真正开始，这就使得"矫正性情感体验"更为珍贵，虽然不能说它完全改写了成员的潜意识脚本，但起码奠定了新脚本的较为安全的情绪色彩，为成员今后持续的行为改变提供了情感动力。

另外，在分析成员的防御时，也要尽量考虑到安全性和支持性。在短程动力学团体中，很少有时间让成员做充分的连接以实现深入的自我理解，此时此地的互动似乎总是显现出成员的问题，这容易使成员产生挫败感。笔者的经验是，治疗师需要不断强调病态防御是创伤后的结果，现行失效的人际关系模式是一种创伤性的反应。就是说病因是幼年不良环境造成的，不是我们的错，但由于我们是能动的人，我们需要负起改变自己的责任。这样成员就会感到被理解而不是被指责。尤其对一些抑郁的自我苛求的成员，这种说明和强调特别重要。总之，短程动力学团体治疗师要从始至终注重培育安全和支持的团体工作氛围，真正安全的团体才能建设性地解决冲突，也才能最大限度地发挥此时此地的治疗功效。

四、治疗师的角色和促进此时此地的方法

随着精神分析理论的发展,动力学治疗师的工作风格也在发生变化。在经典与传统的长程治疗中治疗师比较节制和匿名,认为这样可以更好地培育移情。现代的短程动力学团体一般事先设定为进行 10~25 次治疗,高效性和时限性要求团体必须结成更为强健的治疗联盟,即治疗关系必须更为人性化和发挥更积极的作用,短程动力学团体治疗师普遍采取了参与和支持度比较高的模式。实践证明,治疗关系的人性化和团体的现实性并不会阻碍移情的发生。笔者认为,在短程动力学团体中,治疗师必须扮演更积极的角色,除了要从始至终注意营造安全支持的团体氛围,最大限度地发挥团体的容器作用,还要更为主动地进行干预,尽早阐明和处理成员的深层问题、冲突和防御,并促动成员在团体当中尝试改变;在招募和组建团体的过程中,治疗师要做更为细致的筛选、准备和说明工作,以使成员在团体开始后能快速进入实质性的互动;要把此时此地的运作作为团体的工作规范明确而坚定地建立起来,通过治疗师的示范作用和技术引导,使成员尽快学会在团体的此时此地进行高效的人际学习和改变;要更为充分地运用自己的反移情,治疗师根据自己反移情所给出的反馈为成员做出了示范,这启发和鼓励成员认真体察自身的情感反应和内在真实,有利于成员减弱防御、发现与表达真实的自己。虽然治疗师在团体中充分表达反移情有些冒险,但考虑到短程团体的时间限制、

治疗师所处位置的相对客观及其所受的专业训练，治疗师的反移情表达对促进团体此时此地有着不可替代的作用，这样的冒险应该是值得的。只是这要求治疗师具有更高的敏感性，更好地把握治疗时机，在整个团体进程中都要更加注意安全和挑战的平衡，注意以关怀和支持的态度运用面质；治疗师不仅要努力让团体聚焦于此时此地，并且还要善于使成员把此时此地的经历概念化，即帮助成员把在团体中的所学放到某种认知框架里。特别是短程动力学团体，这种诉诸理性和认知的做法，会让成员更有意识地尝试和巩固新行为，并在团体结束后自觉地继续其行为的改变。

能否经常聚焦于此时此地是短程动力学团体的一个效率标志，那么自然娴熟地带领团体进入此时此地就成为治疗师的一项基本功。除了在内心牢固地建立此时此地的工作理念，治疗师还需要探索和掌握一些具体方法。亚罗姆尝试过许多激活此时此地的技巧，柯瑞也强调了某些增加精神分析团体互动的做法，参考上述两者，结合自己在短程动力学团体治疗中的实际运用，笔者认为以下几种方法能较好促进团体进入此时此地。

（1）可以通过自由联想激发起成员之间的互动。自由联想可以增进团体活跃开放的气氛，可以帮助成员自我探索和相互了解。当治疗师鼓励成员相互进行自由联想时，比如团体开始时要成员说出对他人的第一印象，团体进程中要成员说出彼此激起的突出感受，这就将团体带入了此时此地的人际互动。对他人的印象和感受在描述者可能透露了其投射和内在冲突，在被描述者可能包含了其潜意识发出的真实信息。

（2）治疗师把成员的叙述由团体外转至团体内、由抽象转至具体、由普遍化转至个性化，是将团体带入此时此地的常用办法。如果成员总爱谈论在团体之外遭遇的困扰，治疗师可以问"你觉得你会与团体中的哪一位或哪几位发生类似的问题？"如果成员抱怨他总是无法拒绝别人，治疗师可以问"在团体中你觉得拒绝谁最难？拒绝谁又比较容易？"如果成员说他常因世态炎凉而抑郁，治疗师可以让他指出团体中谁给他最为冷漠的感觉。这些做法极具挑战性，无疑会激起团体的焦虑，但随之而来的实质性互动却会为团体提供真正的工作素材。

（3）鼓励成员之间进行直接交谈，并相互注视。在团体中，有些成员习惯于通过治疗师来和他人取得联系，他们总是对着治疗师诉说自己的种种感受，或者本来是想和其他成员交流，眼睛却不断望向治疗师。显然这场景本身就是非常有意味的此时此地，这样的成员就像不会与同伴相处只会求助于母亲和老师的孩子！治疗师要鼓励他们参与到直接和深层的团体互动当中，这样才能直接获取对他人的感知，也才能观察与纠正内心的恐惧性幻想和人际回避。

（4）在治疗性团体中，成员的一个重要义务就是要对他人给出真实的回应或反馈，但这需要学习。治疗师要教会成员避免笼统地看待人和事，要教会成员去分辨自己的感受。由于潜意识的防御和阻抗，或者由于意识的恐惧，成员常会对团体做一些笼统的评价或说对大家的感觉都差不多，这是不可能的！治疗师需要让成员说出对具体情境的确切感受，治疗师需要抓住一切可利用的信息鼓励成员说出对不同人细微的感受差别，你会发现，这些差别不仅是此时此地的真实，还常常是团体所有人际互动的深层背景和基调。

（5）让梦进入此时此地。释梦是精神分析的重要部分，通过梦探索与揭示成员的潜意识冲突是动力学团体的常用技术。然而在短程动力学团体中，仅仅将梦视为成员个体经历的潜意识是对梦功能的一种浪费。笔者看到成员的梦常常是对团体人际互动的一种写照，治疗师要善于利用梦中与团体人际互动有关的象征性材料，在释梦的过程中将团体巧妙地带入此时此地。另外，治疗师可以鼓励成员对彼此的梦进行相互分析和联想，这样一来，梦就成为了成员相互投射的画屏，对梦的分析就会激起当下的团体互动，一个人的梦也就成为了大家的梦。

（6）挖掘沉默中的信息。团体中经常有沉默现象发生，成员在沉默中检视自己和揣测他人，也体验着与整个团体和其他成员的关系。沉默可能发生于团体主题自然转换的时候，也可能发生于团体某些极富张力的时段。特别是后一种沉默，常隐含着人际冲突。笔者看到沉默中的团体经常流动着意味深长的非语言信息，你会发现，这些非语言信息都是重要而微妙的人际线索，比如谁对谁微笑，谁和谁有目光交流，谁对谁冷冷一瞥，谁坐在那里旁若无人……治疗师要细心捕捉这些信息,并据其引导成员说出沉默时对团体关系的感受。笔者的经验是沉默往往孕育着随之而来的更深刻的团体互动。

对动力学团体应对和治疗自恋性问题的思考*

　　动力学团体应用精神分析理论进行咨询和治疗。自弗洛伊德始，100多年来，精神分析理论已经历了长足发展。总的来说，现今的精神分析更注重关系而非驱力，更注重自体状态而非冲突，并且社会环境和存在性的议题已被纳入心理动力的视角之内。不同的学者和治疗家对动力学团体治疗的目标有不同的侧重性强调，笔者认为符合我国现实的动力学团体治疗目标应简洁地理解为：在团体安全与接纳的氛围中，使成员适应不良或低效的情感、行为及人际关系模式得以呈现并改变。精神分析自体心理学创始人科胡特发现，现代社会变迁使临床中自恋障碍者的比例大幅增长，这些来访者的主要困难不是弗洛伊德内驱力框架内的俄狄浦斯冲突，而是缺陷性的，即心理结构的缺失或自体的破碎感，经常表现为弥漫的抑郁和低自尊。对于这种个体，治疗的首要任务不是处理冲突，而是要培植一个较为完整和坚固的内在心

＊ 本文发表于《黑龙江社会科学》2015年第3期，第105–108页。此处为方便阅读去掉了摘要和参考文献。

理结构即内聚性的自体。大到自然的社会群体，小到动力学治疗团体，现今有自恋问题的人比比皆是。即便不是典型的自恋型人格障碍和行为障碍，很多来访者也大多伴有自恋性的问题，很多症状背后其实都隐藏着自恋性的困难。自恋障碍者不仅自身体验着痛苦的脆弱感，而且他们的行事风格也经常造成人际冲突。如何更好地应对和帮助有自恋问题的成员，已成为动力学团体治疗师的重要课题。本文拟从科胡特自体心理学的理论视角出发，结合笔者多年来带领动力学团体的临床经验，谈一些思考、观点和建议，与感兴趣的同行商榷。

一、自恋障碍者在动力学团体中的常见表现

科胡特从自恋的角度来审视个体的健康，把自恋置于个体精神生活的核心地位来考虑。他用三极自体的概念来描述个体内在的精神结构，认为健康的内聚性的自体由三个部分构成：一极是活跃而合理的抱负心，另一极是现实而有导引作用的理想，还有中间连接这两极的才华和技能的区域。科胡特观察到健康的自恋和自体源于幼时良好、共情的养育环境，即健康的双亲能对孩子的需求给予基本同调的回应，将成长中不可避免的挫折大体限制在可忍受和非创伤的程度。自恋障碍的实质是自体结构的缺陷，即个体不具备一个内聚性的自体，没有形成现实可行的雄心和理想，也没有发展出安身立命的才华和技能，进而无法获得关于自身的良好感受，无法调节与维持自尊的平衡。

动力学团体中的自恋障碍者最初常表现出欠明了的症状，他

们可能有些隐隐的抑郁，缺乏工作和人际热情，感到空虚，对自己的身心感到不自在，可能在性方面有些模糊的不满和困惑。但很快，他们就会在团体中呈现出比较固定和鲜明的行事风格，他们对失态和批评特别敏感，偶尔的失态会给自恋脆弱者带来毁灭性的打击和持久的心理影响，团体中性甚至善意的反馈往往会被知觉成是恶意的攻击；他们会非常细心地、重复地去测试团体的可靠性和安全性，甚至投射性地去为其他成员打抱不平；他们会毫无顾忌地以自我为中心，长时间地垄断发言或占据工作焦点，即便如此，仍时常感到被忽视；他们会出现明显的自恋移情或自体客体移情，要求团体和治疗师的注意、赞美，把团体和治疗师感受为理想化的完美存在，把某一团体成员体验为就像自己的一个孪生或另我；他们会被团体中看似微小的事件引发自恋暴怒，并感到自己极度受伤；他们对治疗师连接和针对整个团体的解释通常觉得不舒服，因为这让他们感到自己被淹没在别人当中；他们很容易产生对团体整体的移情，或把团体过分理想化，或不加区分地排斥整个团体，感到所有成员都不讨人喜欢；自恋障碍者对团体其他成员的缺席也极为敏感甚至愤怒，此时他们觉得团体已不再完整，已无法担当起理想化自体客体的角色。

二、自恋障碍者的团体治疗目标和利弊

自恋障碍者的团体治疗目标与个体治疗目标相同，都是要补偿人格结构的缺陷，建立起一个较为内聚性的自体。修复了虚弱与病态自体的来访者通常对自身会有较为积极和良好的感受，有

比较稳定的自尊,有较为清晰的内在价值观和自我确认感,能体验到个体的独特性。当处于压力和扰动的环境时,会有相应的能力来缓释焦虑、承受孤独,并能进行有效的自我安抚。不同的是,在个体治疗中,由治疗师独自担当来访者的自体客体,通过密集持续的互动,使来访者发展出自体的补偿结构,获得矫正性情感体验,从而提高功能水平。而在动力学团体情境中,由于有多重移情关系存在,所以整个团体、治疗师和其他成员都可以担当起自恋障碍者自体客体的角色,这使有自恋问题的成员拥有了更多的治疗资源和途径。

很多研究显示,个体和团体治疗的结果并没有显著差异,动力学团体对于治疗自恋性问题很有成效。那么,从经济和效率的角度来看,动力学团体应该是治疗自恋性问题的很好选择。然而正如弗洛伊德所言,社会现象与自恋现象是对立的,团体总是会抑制个体的自恋。跟个体治疗相比,团体治疗的人为性弱,它带着某些人类群体的自然性,这一方面成为团体治疗的优势,使某些个体治疗中的难题,比如最典型的人际关系问题,在团体治疗中可以得到更好的解决;但另一方面,这也成为团体治疗的局限,即动力学团体中每个成员在有很多机会经历促进性互动关系的同时,也将有很多机会经历破坏性的互动关系。笔者在临床实践中观察到,对有自恋问题的成员,这种矛盾尤为凸显。自恋障碍者在动力学团体中能获得多角度、多层次的自体客体支持,除了治疗师,其他较健康和有经验的成员都会给予他们需要的镜映和反馈,帮助其解读内在的混乱。特别是可以更多地利用孪生体验，通过与其他成员的联结与认同，来加固与发展他们的自体。自恋脆弱者还可以通过观察团体和其他成员的互动而进行替代学习，这样可以缓解他们过度的焦虑。但团体对自恋障碍者的耐心往往也是有限的，团体中自恋移情的展开和修通几乎总是被现实检验所冲击和截断。而且，自恋障碍者总归是脆弱的一群，团体的压力和挑战性极易使其处于自体裂解的创伤状态，会导致其暴怒或退缩的反应，而暴露在团体情境下的自恋暴怒又会反过来加剧自恋障碍者原本过度的羞耻感，使其变得更加防御。另外，自恋障碍者也会给团体带来深刻的影响。他们确实能刺激和满足某些成员的利他需求，也能促动一些成员对自身自恋的省思，但严重缺乏共情能力的自恋障碍者经常带给团体的是过度的情绪刺激、负面情绪的传染和对其他成员治疗时间的侵占与剥夺。

三、对自恋伤害的应对和处理

无论我们采取怎样谨慎的态度，都很难避免团体中的自恋伤害，因为脆弱是自恋障碍者的人格特点，而团体在某种程度上是现实人生的缩影。动力学团体得自于自体心理学的主要技术进展就是将解释的重点放在自恋伤害的历程上，对于自恋障碍者，团体是自恋伤害得以呈现和修补的安全场所。团体中任何的刺激和共情失败都可能造成自恋伤害，自恋伤害通常会导致自恋暴怒或退缩反应。处于自恋暴怒中的成员会表现出强烈的攻击性，这种攻击性可能指向治疗师，也可能指向其他成员和整个团体。科胡特最具发展性的贡献之一，就是他不接受人天生具有攻击驱力的观点，他确信攻击性只是一种个体回应无反应环境的分解产物，是一种自恋受伤后的愤怒表达。笔者认为动力学团体对自恋暴怒最人性、最恰当的应对不是面质和现实检验，而是容纳和共情，不仅要共情表面的愤怒和攻击，更要共情背后的伤痛和羞耻感。这样才有望把自恋伤害转化成恰到好处的治疗挫折，而此种情形在团体中的多次重复会让自恋障碍者最终相信这个世界上确实存在共情共鸣的支持性回应。当然，从改变和治疗的角度讲，仅仅共情是不够的，在自恋暴怒平息之后，特别是几经重复之后，治疗师要伺机帮助自恋障碍者去检查自恋伤害的历程，即要去反思和领悟其内在的脆弱点以及触发机制，以便有针对性地修复病态自体。与个体治疗相比，爆发于团体中的自恋暴怒会造成更为复杂的动力和局面，需要治疗师在多个层面上进行干预和工作。自恋障碍者的自恋暴怒会严重冲击治疗师自身的自恋平衡，治疗师一方面要以非防御的态度对其内部被挑起的情感和扰动进行觉察处理，另一方面也应看到这是正面的征兆，是成员可以真实表达自己并相信治疗师足够强壮的表现。治疗师还需要共情和保护遭受攻击的团体和成员，要尽量毫无遗漏地检视和处理其内部被激起的种种反应，尤其当被攻击者也是一个有自恋问题的人时。自恋伤害也可能以一种比较隐蔽的方式呈现，就是成员会变得退缩，会防御性地疏离于团体。治疗师对此要有敏锐的觉察。团体治疗的一个好处就是可以为成员留有进退喘息的空间，治疗师一方面应共情自恋脆弱者对自体裂解的恐惧感，允许成员的退缩和撤回，但同时也要仔细查看退缩的历程，区辨保护自体的退缩和受伤后的退缩，以免错失掉解释和修通自恋伤害的治疗契机。另外，笔者发现，很多时候治疗师可以巧妙地借由成员之间的解析来减缓团体中的自恋伤害。

四、混合治疗和联合治疗

临床实践显示，有些严重的自恋障碍者比较适合同时接受个体治疗和团体治疗，这分为混合治疗和联合治疗两种情形。混合治疗指由一个人同时担任来访者的个体治疗师和团体治疗师，联合治疗指团体成员另有其他的个体治疗师。动力学团体多层次、多角度的工作会对严重的自恋障碍者构成过于强烈的刺激，即便治疗师竭力保持共情，但整个团体的情绪氛围有时很难稀释，互动步调也很难放缓，这使自恋障碍者可能在相当长的时段内都处于自体裂解和自尊颠覆的状态。如果来访者同时在接受团体带领者的个体治疗，那他们就可以利用个体治疗来恢复自恋平衡。在混合治疗的个别访谈中，治疗师还可以和来访者讨论其自恋失衡的机制及历程，这可以让来访者对团体情境有一个比较冷静客观的回视，觉察自己过于防御和激烈的反应。由于治疗师在两种治疗情境中都亲临在场，所以这种讨论往往比处理来访者其他的生活叙述更具治疗性。此时，团体治疗提供挑战自恋的机会，成为个体治疗鲜活可用的素材，个体治疗则成为团体治疗的缓冲带和加油站。通过对两种治疗情境的全面把握，治疗师更加了解来访者，治疗联盟更为紧密，来访者因此能更有效率地利用混合治疗。笔者体会混合治疗有时也会带来问题，比如治疗师可能会无意识地为了团体去牺牲一些自恋来访者的利益；或反之，治疗师会因为自己偏爱的自恋来访者去牺牲一些团体的利益。联合治疗在恢复自恋平衡上具有与混合治疗相同的支持功效，但此时带领团体和执行个体治疗的是不同的治疗师，团体经历是作为来访者的生活事件被带入个体治疗的。由于个体治疗师无法真正了解团体的动力情形，感到自恋受伤的来访者对团体又会有许多扭曲的移情性描述，所以个体治疗师要特别注意保持一个治疗性的姿态，即一方面真诚持续地共情来访者的感受，另一方面坚定地拒绝来访者分裂性的投射。联合治疗本身提供了一个容易导致分裂的情境，个体治疗师和团体治疗师应进行有效的治疗性沟通，以免发生这种分裂。笔者认为，这种沟通最好是在一个督导的设置中进行，否则双方可能都难以完全觉察自身的一些防御和自恋扰动。另外，笔者的经验是，在联合治疗中，如果个体治疗师和团体治疗师之间有某些不良而复杂的潜意识动力，比如双方或其中一方本身的自恋不够健康，过于敌意或竞争，并且如果这种动力没被尽早识别和终止，那么来访者就会成为双方不良互动的媒介，成为治疗师满足自身自恋的牺牲品，这会对来访者的治疗造成不可估量的损害。

五、对过度自恋者的治疗

亚罗姆在团体工作中把自我中心的问题成员称为过度满足型的自恋者，他认为团体持续的面质和现实检验是对其最好的治疗资源和方式。虽然亚罗姆是笔者十分尊崇的临床大师，但多年来带领动力学治疗团体的经验和体会让笔者对其上述观点和做法有些异议。笔者认为，亚罗姆所谓过度满足的自恋者其实就是科胡特描述的垂直分裂的自恋病患，这些个体人格中吵嚷展示的部分一直占据着精神舞台的意识中心，但不可否认的是，这些个体仍然是脆弱的。他们自己和观察者都能真切地感到，表面看起来良好的感觉是不真实的，已经达成和实现的自我中心似乎也无法提供自尊的满足，他们人格的核心区段里深埋着模糊的抑郁感、不安的疑病感和持久的羞耻感。喧闹与夸张是断裂自体缺乏掌控和不成熟的自恋表现，因而是没有效率的。科胡特没有针对团体治疗的特别论述，但他确曾表达过对团体压力的担忧，他担心团体会损害成员的个性。后续的自体心理学治疗师认为，团体治疗应像个体治疗一样去镜映和共情来访者，团体应给予自恋障碍者相当充分的时间和空间，以使自恋移情得以充分展现和修通。亚罗姆遵循人际关系理论的团体反馈虽能矫正成员过度自恋的低效行为模式，但这种过早的干预可能会变成一种成长的抑制，致使自恋成员最终无法建立起一个内聚性的自体，收敛了的自我中心和自我夸大可能只是迫于道德和教育性的压力。笔者的观点是，对于垂直分裂的自恋者，治疗师要努力营造团体接纳和共情的氛围，要拖后面质的时间，要在干预和不干预、满足和挫折之间掌握好平衡。治疗师要引导团体从一个积极的视角来看待过度自恋者对于完成自体发展的努力，要使团体理解，过度自恋者还没有发展出共情他人的能力。总之，就是要让整个团体成为过度自恋者好的自体客体。当然，团体不仅要共情和回应过度自恋者失调

371

和幼稚的展示欲,还应共情其深层的抑郁和脆弱。垂直分裂的自恋者经常是团体中独占发言的人,这一方面使其成为团体注意的焦点,另一方面也使其保持了单向的对话方式,从而不与团体和其他成员建立真正的亲密关系,这种防御性的做法隐含着过度自恋者既寻求成长又担心自体崩解的矛盾心态。治疗师对此要有足够的洞察和治疗性的解释,这样才能增进成员的自我理解,鼓励他们在团体中整合与发展其断裂残缺的自体。

虽然团体治疗增加了自恋伤害的风险,但只要治疗师能在自体心理学的理论观照下对团体氛围有恰当的引导,使团体成功担当起自恋障碍者的自体客体,动力学团体就会是治疗自恋性问题的有效方式和场所。根据临床经验,笔者认为动力学团体欲成功治疗自恋性问题,还需把握以下两点:一是团体应有足够的时间长度,这样才能使自恋移情得以充分展开和修通。短程动力学团体对于相对高功能的成员效果显著,但对于严重的自恋障碍者则显得不够,甚至容易造成伤害。不过,笔者体会连续或间断性地参加几次短程团体,是一种可行的补救措施。二是团体中有严重自恋问题的成员不能太多,笔者的经验是不能超过团体总人数的1/3,这样才能保证团体资源的充足与平衡。如若团体中有过多的自恋障碍者,那么就无法拥有一个相对健康的团体自体。由于治疗师无法满足同时需要得到回应的多个自恋病患,团体就会再现成员们以往的创伤状态。

运用胜任力督导模式的临床尝试和思考*

督导实践是心理学的最高天职。在督导师方面，实施督导使自身的临床经验、职业精神和道德操守得以传承；在咨询师方面，接受督导是开展职业工作的前提，是不断完善自身以保持和提升专业胜任力的重要学习途径。中国目前需要大量合格的心理咨询师和治疗师，而缺乏称职的督导师和规范的督导制度是一个关键的限制因素。近年来，基于胜任力的督导已成为美国临床心理督导的准则和基础，并且对胜任力督导模式的应用已成为一种国际现象。中美两国的文化和其产生临床心理工作者的方式均不同，如何在中国有效实施基于胜任力的督导，使胜任力督导模式能符合从而能服务于中国的国情和实际，笔者觉得应该做多视角、多层面、系统的本土化工作。本文就是笔者在此方面的点滴尝试和思考，与感兴趣的同行商榷。

一、对胜任力督导模式的概念性理解

临床心理咨询与治疗的督导有多种模型，最基本的就是基于

---

* 本文发表于《黑龙江社会科学》2018年第4期，第79-84页。此处为方便阅读去掉了摘要和参考文献。

不同心理治疗理论流派的督导。每一个心理治疗流派都有自己的督导依据和方式，理论导向指引着对临床数据的观察和选择，也决定着这些数据的意义和相关性。因为每种理论流派都有其看问题的侧重点，因而都有其限制和弊端，所以基于心理治疗流派的督导往往表现出许多局限性。而胜任力督导模式超越了具体的流派观点，以保护来访者、为专业把关和提升受督者的专业胜任力为目的，注重心理治疗中起作用的共通因素和折中整合趋势，强调专业伦理和文化适应性。因此，可以说胜任力督导模式是目前考虑了几乎所有临床因素的工作模型。对具体流派理论的超越也使胜任力督导模式在应用时更具弹性，正像 Goodyear 老师[①]在注册督导师培训课上所做的形象比喻：在具体的督导实践中，胜任力模型只是一个框架和大致的图纸，不同的督导配对往往会建造出不同的房屋，而这完全取决于不同督导师、受督者的专业视域和其融会贯通的灵活性。

　　胜任力督导模型认为，共同融合形成专业胜任力的三个方面是知识、技能和态度（价值观），督导师应在评定受督者这三方面水平的基础上，与受督者商定学习策略，督导应是一个能在这三方面给受督者带来持续发展的转换过程。无论在督导师方面还是受督者方面，胜任力督导模型都特别强调职业伦理意识和能力，也都特别重视对多元文化的敏感性和观照能力。笔者所理解的胜任力督导模型的基本假设为：（1）督导是一种特定的专业能

---

① Rodney K. Goodyear，国际著名督导师、督导培训师，南加利福尼亚大学荣休教授，美国心理学会咨询心理学分会督导培训项目部主席。

力，成为督导需要经过专门的正规教育和培训；（2）督导的最高原则和优先作用是保护来访者；（3）督导的重要目标是提升受督者的专业胜任力并促进其职业发展；（4）督导师要有实施督导的胜任力；（5）督导是基于相应实证基础的；（6）督导是在一种尊重和合作的关系中进行的；（7）督导师和受督者双方均有各自的责任与义务；（8）督导师和受督者均需不断反思与自我评定；（9）督导是在伦理和法律标准下的工作；（10）督导与咨商、个体心理治疗和教导等均有区别。在运用胜任力督导模型时，笔者认为应做到以下几点：要能看到和识别受督者的优势，同时要能看到和识别受督者的不足，督导师对以上两者均应提供及时反馈；要能帮助受督者去完成（或逐步学习去完成）自我评定、自我观察和自我报告；要能根据受督者的优势和不足制订督导计划确定工作焦点；要能监控督导工作对个案咨询带来的实际推动和效果；要经常审视督导关系的质量。

胜任力督导模式源自美国，它的科学性全面性反映了美国培养临床心理工作者学历教育的严谨和规范。而中国的心理咨询师和治疗师几乎都经社会机构培训产生，他们大多是经由单一流派训练后就进入了职业角色，这似乎使中国的临床心理工作者全局观不足。笔者认为在中国运用胜任力督导模式的本土化之路应该是，在保留胜任力督导模式核心思想的前提下，重建符合中国国情和临床实际的操作系统，包括逐次建立可操作的评价指标体系、改写和创建与中国临床情境相对接的工作文本等。

二、以动力学为主折中视角下的受督者专业胜任力评估表

临床心理咨询师与治疗师的专业胜任力由两部分构成：基础胜任力和功能性的胜任力。在受督者专业胜任力评估表中，基础胜任力和功能性的胜任力各包含 6 个条目，共 12 大点。这 12 大点中每一条又由几小点构成。在督导工作开始之初对受督者的临床专业胜任力做一个认真、全面和大致的评估，有利于让督导师和受督者双方都清楚看到展开工作的基线，能使督导师对受督者的专业工作状态、特点、优势和不足做到心中有数，从而能有针对性地制订符合受督者需要的个性化督导计划，采取相应的工作策略和方法。此表还可以对督导工作的进展和效果进行评估。此表不是一个标准化的测量工具，而是笔者根据在督导师培训项目中的所学、以往在临床咨询与治疗工作中积累的经验，以及近年来自己做督导工作的思考和观点，考虑了国内临床界的具体实际情况，从简便可行的视角出发，自行改编的一个评估表。表中的每一点都只粗略地分为四等级：水平 1——不称职（基本对应初学者，不能将理论知识转化为技能和不能独立工作的状态；或指虽经过了相当的学习和训练，但由于自身人格和特质等原因仍无法有效工作，显然不适合此行业的从业者）；水平 2——新手（基本对应虽不熟练但有初步的学以致用，能利用专业培训和学习、督导监控或同行支助有效进行工作的状态）；水平 3——称职（基本对应有相当的临床经验、能较全面正确地理解和处理临床情境、能独立工作和比较成熟的状态）；水平 4——专家（基

本对应非常成熟、已形成自己一致与独特的工作风格和擅长的工作领域、能承担临床指导和教学任务、有相当理论水平的资深状态)。受督者需要在熟悉此评估表的基础上,与督导师一起讨论澄清每个条目的含义,在获得一致性理解的基础上根据自己所处的水平和位置据实填写。在填写后,如果小点的加分累计结果与大点的等级出现了不一致,也无须介意,因为每小点的内容要求为我们提示了更为细化的努力目标和方向。另外,因笔者平时的临床工作是以动力学为主的折中方法,所以表中内容可能会更多一些动力学的语言痕迹与味道,其他流派的临床工作者在运用此表时可视自己的工作实际对一些条目做必要调整与改动。

1. **基础胜任力**

(1) 自我反思能力。包括:①能较系统地回顾自己在专业工作中的表现;②能较客观地评估和看待自己的优势和不足;③能较少防御地观察和感受自己在咨询与治疗中的情绪反应;④对专业工作所需要的继续教育、自我探索和督导持积极态度。

(2) 具备专业工作所需的相关科学知识和方法的水平。包括:①对相关心理学理论与知识的掌握和了解——较广阔的专业视域;②对所遵循的主要治疗流派理论与方法的掌握和了解;③专业文献的阅读量及对其的运用和整合能力。

(3) 人际沟通与建立关系的能力。包括:①倾听、尊重与共情他人的能力;②对所处生活情境与专业情境的判断能力;③建立专业工作联盟和解决冲突的能力;④情绪的成熟度——能较少防御地接受反馈的能力。

（4）多元文化能力。包括：①在专业工作中对于个体差异和多元文化的敏感性；②在多元文化视角下对自身位置的自觉度（如自己的种族、社会经济地位、性别、性取向、内在态度和价值等）；③在具体的专业工作情境中能恰当选择具有文化适宜性的技术和方法。

（5）遵守专业伦理和相关法律的能力。包括：①有较强的专业伦理意识和法律意识；②熟知或了解中国心理学会临床与咨询心理学工作伦理守则；③能够在专业工作中迅速地识别伦理含义，理解当前个案的伦理困境或问题中的伦理要素；④能在专业工作的各个环节（学习、咨询、治疗、教学、督导、学术研究和成果发表等）遵守专业伦理和相关法律。

（6）跨学科工作能力。包括：①基本了解相关专业人员的工作内容和特点；②必要时能与教育机构和部门的相关工作人员、社区相关工作人员、社工、精神科医生等进行有效交流与合作。

2. 功能性的胜任力

（1）评估、诊断与个案概念化的能力。包括：①了解精神科诊断中神经症的常见类型和特点、人格障碍的基本诊断依据和类型以及重性精神病的标志性症状，能够准确判断与筛选心理咨询与治疗的适宜对象；②能从动力学理论个体发展的阶段和视角来判别来访者问题的严重程度，能够大致区分来访者的问题是缺陷性的还是冲突性的，即来访者的问题是神经症性冲突，还是自恋障碍，抑或更严重的边缘型人格；③能从症状、人格和内在情感的多维角度去整合对来访者的观察和理解；④能运用所遵循的咨询与治疗理论（至少一种）去整合性地理解、描述、构建来访者的内在世界和障碍机制，并能依此形成报告；⑤能为来访者提供有意义的、通俗的、有用的反馈；⑥在评估诊断中能正确选择和使用心理测量工具。

（2）干预能力。包括：①能整合所有对个案的一致性理解并形成咨询与治疗的计划和策略；②能较熟练地运用一种或多种理论与技术方法；③能有意识、有依据地在合适的时机选取与运用临床技术方法，并能对效果进行评估；④能够成功地结束咨询与治疗；⑤在实践工作中具有灵活性；⑥在实施干预时，能注意与观照到个案的文化特异性和个人福祉。

（3）专业工作中的咨商能力。包括：①对行业内信息与资源有较好了解；②能够根据来访者的需要及对其的评估，提供不同于咨询与治疗的专业帮助或指导；③能够负责任和成功地进行转介。

（4）研究/评估的能力。包括：①能够认识到临床工作中的研究对专业知识基础的贡献；②具有对临床工作进行观察和总结的能力；③积极参加相关的专业会议和学术活动；④能提交和发表与临床工作相关的研究报告和论文；⑤能批判性地运用研究结果，对临床研究的价值和意义有基本且独立的判断力。

（5）督导/教学能力。包括：①能清晰地意识到督导对提升专业胜任力的必要性；②能积极主动地寻求专业督导，并有能力很好地利用督导；③至少对一个督导模型有较好的理解；④能有效地提供朋辈督导或独立为他人提供督导；⑤具有基本的专业教学能力，对督导/教学的有效性有较强的识别力。

（6）管理/行政能力。包括：①对领导力和行政管理能力有基本的了解；②具有组织与领导专业项目的工作能力；③能够承担制定政策、为专业人员提供服务和对其进行管理的任务。

三、胜任力督导模式下的案例报告提纲

不同流派取向在督导中都有各自的案例报告方式，反映了该流派注重的临床关键点和督导理念。在胜任力督导模式下工作时，当确定了要检验的临床胜任力条目和标准时，其实就已经确定了要如何组织案例报告。我们通过撰写案例报告来培养咨询师的专业视角，督导师有责任和义务为受督者提供具有内在逻辑性的案例报告提纲。换言之，案例报告提纲反映了临床工作要看的"点"，所以基于胜任力督导的案例报告提纲在内容上应与胜任力督导模式有其对应性。如果所运用的胜任力评估标准和案例报告提纲两者毫无对应，那就说明督导师内心还没有形成一个一致性的工作框架，还不能把基于胜任力的督导思想贯穿于指导咨询与治疗的实际工作当中。目前在中国，临床督导还不是学历教育中有计划的规定内容和环节，绝大多数的咨询师治疗师都是因其工作中的具体困境来寻求督导。下面是笔者根据自己作为咨询师和督导师两者的工作经验，考虑了国内临床心理界的现实，本着简练、易行、可操作的原则提出的基于胜任力督导的案例报告提纲。

1. 督导会谈中咨询师首次报告案例的框架或提纲

咨询师（受督者）可能在计划的督导监控下开始个案咨询，

这样的话首次咨询会谈后就会有首次督导会谈；咨询师也可能在个案咨询进行了一段时间后感到需要督导帮助，这时首次督导会谈会发生在几次或多次咨询会谈之后。在对个案的连续督导中，首次督导会谈和之后每次督导会谈的着眼点、侧重点有所不同，首次督导会谈需了解、澄清个案来访者较全面的情况和咨询师初始的评估处理（或之前一段工作的咨询干预状况）。咨询师在首次督导会谈中需按以下提纲报告案例：（1）来访者的基本情况；（2）来访者求助的主要问题（主诉或症状）；（3）来访时机和来访情形（来访者为什么在现阶段前来求助，有什么刺激或事件打破了来访者的生活平衡，其是自愿来访还是强制来访，是否有人陪同）；（4）咨询设置；（5）来访者的生活史和心理问题（症状）发展史；（6）来访者的躯体病史和家族史；（7）来访者既往是否接受过精神科治疗或心理咨询与治疗；（8）第一印象和最初的反移情；（9）初始诊断和评估（第一，从精神科诊断视角的考虑。第二，对个案初步的概念化理解：动力学语境中发生问题的阶段、核心问题、主要防御机制、关系模式、自尊和社会功能水平等；依据某一理论流派的个案概念化；跨流派或经验性的对个案的概念化理解）；（10）初步的咨询与治疗方案和干预措施；（11）初步干预的效果评估和反思；（12）需要督导的问题和困惑。

2. 督导会谈中咨询师每次报告案例的框架或提纲

原则上，咨询师（受督者）在督导会谈中可以自由报告和讨论围绕个案咨询的任何疑问及困惑。以下范围和问题可作为咨询师每次报告个案的参考框架和着眼点，但咨询师并非需要每次都涉及以下所有条目，也无须按照以下条目的顺序来组织督导会谈。

（1）在上一次咨询中或上次督导后一段时间的咨询中，所获得的关于来访者的新资料、新数据（指来访者之前未提起和透露的重要生活事件、想法、情感、行为或对生活史的补充，也包括咨询师对来访者进一步深入的观察、发现和体会）；（2）个案进展以及咨询中感到成功的干预（好时刻）和明显失误的处理（坏时刻）；（3）咨询记录（最好有音像资料；起码有关键情境或重要时段的咨访对话逐字稿）；（4）贯穿咨询始终的对来访者持续的评估和个案概念化（不断丰富、细化和修正性的评估；诉诸理论与认知的对个案进一步深入的理解）；（5）所使用的咨询和治疗的技术方法；（6）对督导意见的贯彻落实情况及其效果评估；（7）对督导师个人及督导工作的反馈（包括对督导工作有效性和督导关系的感受，对督导师工作风格的看法，对督导中给出的指导建议等的疑问，以及明显与督导师有分歧的理论和技术观点）；（8）移情/反移情的展开情况或发展脉络；（9）有否涉及专业伦理困境、疑惑和问题；（10）案例进程中有否需讨论的显明或隐蔽的多元文化议题；（11）本次督导中需询问或讨论的理论和技术问题；（12）对推进个案工作有阻碍的其他困惑；（13）咨询与治疗进程中不断深入的对个案工作的反思。

笔者认为，除了一般的信息掌握与技术观照，上述的案例报告提纲能较好反映和涵盖胜任力督导模式的临床要点：对职业伦理和多元文化的重视；对反思性实践能力的强调；对受督者专业胜任力较全面的关注；对跨流派工作的容纳；对双向反馈的要求；对督导有效性和督导关系的监控。在此做两点说明：上述提纲适用于在一段持续的督导关系中对一个个案连续跟进的督导情形；督导中的音像资料能更好支持"人际回顾"技术的运用，但正像 Goodyear 老师在注册督导师培训课上讲的，即便拿不到音像资料，敏锐的督导师也可以用"人际回顾"的思想方法与受督者一起发现与讨论隐藏在逐字稿中的关键点。

四、对基于胜任力有效督导的尝试性描述

在实际工作中，怎样的督导算是有效的督导是一个值得研究和深思的问题。如果不能在合理的结构和规范中，由称职胜任的督导师进行一个切合受督者实际的真正有帮助的督导，那么督导不仅是无效的，甚至可能是有害的。即便在临床理论和实践两方面都呈蓬勃之势的美国，督导也经历了相当长的混乱时期。正像 Carol 老师[①]在书中写的，督导工作受到真正的关注是近十年的事情；直到 2002 年美国接受过正规培训的督导师还不足 20%；而在国际范围内得到正式督导训练的比率就更少了。中国心理学会从 2015 年开始开展注册督导师的培训工作，这预示着中国的临床心理督导将渐次步入正轨。临床心理督导所涉及的问题和情形极为广泛，笔者认为就国内的临床现实而言，规范的督导系统需要一个发展过程，不可能一蹴而就。从严格意义上说，国内现行

---

① Carol A. Falender，国际著名督导师、督导培训师，加利福尼亚大学洛杉矶分校心理学系教授，美国心理学会教育事务督导工作组主席。

的大部分所谓督导其实是会商咨询或顾问，其实还构不成有计划的、系统性的督导。对督导概念狭隘甚至错误的理解严重限制了督导应有的效果和作用。那么在中国现阶段的临床条件下，有效督导大致应是怎样的？应具备哪些要素？应起到哪些作用？笔者在此分享自己多年来于临床教学和咨询中的一点经验性思考，认为是目前有效实施胜任力督导可行而重要的方面。

1. 有效督导的基本结构和要素

（1）督导应持续一段时间。不同于一次性的案例讨论或咨商，也不同于单纯案例分析性的顾问工作，朝向提升受督者专业胜任力的督导包含了复杂多样的任务，所以一般需要有相应的时间跨度。在国内，可考虑半年、一年或更长时间。

（2）督导应有计划性。督导要由督导师和受督者商定合约（在国内目前的临床文化和条件下，笔者认为不一定要有合同，但起码要有合约），明确双方基本的责任和义务，明确督导设置，确立保密和知情同意原则，督导师应提供案例报告提纲并设定好提交案例的方式。

（3）督导应有评价功能。督导不同于顾问的一个显著特点就是它的评价性。在国外，这种评价性还直指督导的一个重要作用——为行业把关。在国内，虽然督导目前无法实现专业把关作用，但在整个督导中对受督者持续性的评价仍是达成有效督导的基础——初始评价是有针对性实施督导的前提，过程评价是调整督导工作的根据，终期评价是对受督者能力提升的总结。

（4）督导应确立目标。临床督导总的目标是保证个案咨询的质量和提升受督者的专业胜任力。在准确评估受督者水平和特点的基础上,督导师和受督者要商定具体的阶段性和个性化的督导目标。比如,确定督导工作应更聚焦于个案还是更聚焦于受督者的成长,确定应侧重理论学习、技能运用还是价值澄清,是否应着重培养受督者的文化敏感性和适应性,是否将训练个案概念化作为一项关键任务,是否应更多考虑促进受督者对个人议题的觉察或增进其专业角色认同,督导是否要帮助受督者制订一个学习计划从而使其走出目前的职业发展困境。

(5) 督导应考虑策略。督导师应依据受督者的胜任力水平和人格特点来选取恰当的策略,同时,笔者也看到,在实际操作中采用怎样的具体方法还取决于督导师内在的专业价值观和其关于成长、发展及有效工作的信念。笔者认为,好的督导策略应能加强督导关系并能兼顾督导工作中以下三方面的平衡:宏观与微观的平衡;推动个案进展与受督者发展的平衡;挑战与支持的平衡。笔者非常赞同 Goodyear 老师的观点,他说督导的最佳状态应是在权威与谦卑之间保持一种健康的平衡。

(6) 督导应有对突发情况的处理预案。有些个案处于危机当中。无论从保护来访者的角度还是从提升受督者专业能力的角度,督导师都应与受督者充分讨论来访者可能遭遇的突发情况和危险。督导师要加强受督者的危机意识,指导其通过学习增进相关知识,并与受督者共同确定对可能出现危机的处理预案。

2. 督导师应具备的条件——督导师的胜任力

美国对督导师所需的特定胜任力有明确定义,概括地说督导师的胜任力指与督导相关的知识、技术、态度和价值观。笔者认为，在中国有效的督导师应达到以下要求：（1）督导师应接受过有关督导的正规教育或培训。一个传统的错觉是认为一个好的咨询师自然能成为一个好的督导师。但督导活动有其独有的要求和复杂性，有一套系统规范的实践胜任力，是一项独特的专业实践。（2）督导师应接受过对其督导工作的督导，即指督导师应有在督导监控下的实习督导工作经历。（3）督导师在督导中应保持清晰敏锐的职业伦理意识，并能通过示范使受督者牢固确立以来访者利益为最高的临床工作准则。（4）督导师在督导中应保持对多元文化的敏感性，并通过示范使受督者发展出更好的文化适应能力。具备多元文化胜任力的督导师在工作中应对以下三方面均有观照：应考虑到督导师、受督者和来访者之间的文化差异可能给督导工作和个案咨询带来的影响；在与受督者讨论、形成个案概念化时应充分考虑来访者所处环境的影响；注意考察心理咨询与治疗理论所产生的文化背景以及在应用中的适配性。（5）督导师要能就督导中发现的各种问题提供清楚及时的反馈，并通过沟通讨论确认受督者理解领会了反馈的实质。（6）督导师应在保护个案和促进受督者能力提升两者之间掌握好平衡。当受督者手上有并行的个案咨询，而受督者因其特殊的学习兴趣隐藏了个案的实际督导需求时，督导师应对此保持敏锐的洞察力，通过对受督者临床工作进展进行全面的调查和询问，保证每个个案咨询工作的质量。督导师还要能帮助受督者把对此问题的认识上升到伦理高度。（7）督导师应能营造信任、尊重、安全、温暖的督导关系，要注意监测关系的质量，保证督导双方处于一种有益于发展的合作性的工作状态。督导师应能及时敏感地识别关系损伤，并有能力以非防御的开放态度对此进行反思和修复。必要时督导师应勇于承认错误，示范作为一个真实的人和建设性解决冲突的能力。（8）督导师应具有较健康的人格或处于较好的自我状态。有人格缺陷的督导师会给受督者带来严重的专业挫败感和心理伤害。由于中国临床心理专业发展路径和准入制度的特殊性，致使很多咨询师、治疗师和督导师一直未能完成较充分的自我体验和自我探索，广博的知识、耀眼的学历和专家的身份掩盖了其病态虚弱的自体。健康的督导师应对自己有较充分的了解，对工作中的反移情有较好觉察，能基于较准确的自我评定把自身弱点对督导工作的影响降至最低，能对商讨和受督者的反馈持非防御的开放态度。

3. 有效督导应达成的结果

笔者认为在中国现行条件下，督导应达成以下几点最迫切和最基本的结果：（1）加强和提升了受督者的职业伦理与多元文化的意识和能力；（2）拓展了受督者的知识视野，提升了受督者选择和运用技术的能力；（3）促进和提升了受督者对临床工作的反思能力；（4）促进了受督者对来访者更深入的理解；（5）促进和提升了受督者在理论上对个案进行概念化的能力；（6）就个案工作对受督者提供了清晰具体的指导，注意了对指导效果的监控，保证了督导对个案咨询工作的推动；（7）督导师适当指出了受督者的个人议题，并实施了个案工作所要求的不跨越工作督导界限的适度干预；（8）督导使受督者在生涯发展方面有所收获。督导师帮助受督者认识到其个人优势与风格，并帮助其制订进一步的学习与培训计划。督导在一定程度上澄清和解决了受督者流派选择和专业角色认同等方面的问题和冲突。

最后，笔者想说的是，开发与编制这些文件和评定标准并非是追求条条框框的表现，笔者从不认为也不希望临床咨询与督导成为一项遵循教条的工作，相反，笔者认为以人为对象的临床心理工作是一项最富创造性的工作。正像 Carol 老师说的，我们所面临的挑战是，如何在为督导实践活动开发更加复杂精细的测量模式的同时，继续保持督导的"艺术"。因此，笔者愿把此篇文章的写作理解为一个凝练专业思想、思考最高原则、审视助人本质和与同行讨论切磋的过程。

吕伟红心理咨询专业工作简历

吕伟红，1963年出生，1986年毕业于哈尔滨船舶工程学院自动控制系，毕业后分配至中国船舶工业总公司人才规划研究室工作。20世纪90年代后，对人格心理学和心理咨询与治疗产生浓厚兴趣，1997年从中国科学院心理所函授大学入门，完成"医学心理学"和"心理咨询与治疗"两个专业的学习，从此踏上心理咨询与治疗的学习、实践、工作之路。2000年调入哈尔滨工程大学人文学院。2000年9月—2001年8月参加中国科学院心理所"心理咨询与治疗"专业一年研修班学习，并按研修计划在北京回龙观医院临床心理科进修。2002—2003年接受武汉中德心理医院动力学取向心理咨询理论与实践小组训练100学时。2002—2004年参加国家劳动部组织的第一批心理咨询师职业资格培训并通过师级考试。2005年9月—2006年1月赴华南师范大学申荷永教授处访学，学习荣格分析心理学。2005—2007

年参加上海精神卫生中心举办的第三期中德精神分析治疗师连续培训项目，学习动力学个体咨询与治疗。2008—2010年继续参加第四期中德班高级组的培训，学习动力学团体咨询与治疗。2012年申请成为中国心理学会注册心理师（X—13—028，注册期2013—2020年）。2016年6月—2017年12月参加由湖北东方明见主办的中国心理学会第二期注册督导师培训项目的学习。2017年申请成为中国心理学会注册督导师（D—18—005，注册期2018—2020年）。

从业的20年里，坚持心理咨询与治疗的教学、科研和临床实践活动。为哈尔滨工程大学人文学院（2011年改为思政教研部后又改为马克思主义学院）硕士研究生讲授"咨询心理学"、"精神分析概论"和"团体咨询的理论与实践"等课程，为本科生讲授"心理咨询与治疗"和"心理调节与适应"等课程；在学校大学生心理咨询中心和哈尔滨市相关机构担任兼职心理咨询师，累计个体咨询时数超过6500小时；多次应邀为咨询师认证的培训课程授课；带领咨询师体验成长团体，带领课堂学生团体，2008—2019年共带领9期短程动力学小组，累计团体咨询时数超过800小时；多次应邀担任黑龙江省心理咨询师认证答辩的专家评委；2012年后，采用团体和个体形式为学生、年轻咨询师和同行提供督导约350小时；作为心理嘉宾，2014年应邀参加了44期维彤主持的FM105.6频率"心灵驿站"电台节目。

发表心理咨询与治疗方面的论文20余篇。主要有：《高校心理咨询可运用森田疗法》(《北方论丛》2002年第5期)；《高校心理咨询是一种特殊的教育形式》(《黑龙江社会科学》2004年第5期)；《应用钟友彬认识领悟疗法治疗对人恐怖症的1例个案研究》(《国际中华神经精神医学杂志》2005年第1期)；《在心理咨询与治疗中运用弗洛伊德的释梦》(《上海精神医学》2006年第6期)；《思想政治教育与高校心理咨询》(《学习与探索》2007年第6期)；《一例动力学短程心理治疗的个案分析与讨论》(《中国健康心理学杂志》2008年第5期)；《心理咨询的共通因素和咨询师的人格条件》(《学术交流》2009年第2期)；《比较分析弗洛伊德和荣格的释梦》(《学术交流》2010年第10期)；《社交恐怖症心理咨询1例研究》(《中国健康心理学杂志》2010年第12期)；《存在主义治疗取向对高校心理咨询的启示》(《学术交流》2011年第7期)；《运用反移情评估来访者的反思》(《中国健康心理学杂志》2012年第10期)；《论短程动力学团体治疗的"此时此地"》(《黑龙江社会科学》2012年第3期)；《论心理保健与减压之路径》(《学术交流》2013年第2期)；《科胡特自体心理学理论对心理治疗的启示与助益》(《学术交流》2014年第10期)；《对动力学团体应对和治疗自恋性问题的思考》(《黑龙江社会科学》2015年第3期)；《运用胜任力督导模式的临床尝试和思考》(《黑龙江社会科学》2018年第4期)。

擅长心理咨询与治疗的理论讲授和实际操作。在理论取向上，倾向存在人本主义的态度；在咨询与治疗技术上，倾向以动力学为主的折中方法。擅长动力性的长程心理治疗和短程焦点咨询，擅长动力学小组治疗，擅长从心理学视角探索职业困难和生涯发展，有丰富的个体治疗和小组咨询治疗经验。追求安全、温暖、尊重的咨询治疗风格和督导风格。